KB004998

너에게 무슨 말을 먼저 꺼낼까

너에게 무슨 말을 먼저 꺼낼까

조에스더 × 최소영 × 최한영 지음

미디어샘

프롤로그

어른은 10대의 인생 바다를 비추는 등대입니다

여러분의 사춘기는 어땠나요? 저는 마음의 평안보다 혼란과 불안이 수시로 찾아들던 날이 많았습니다. 머릿속은 온통 친구에 대한 생각으로 가득 차서 엄마 아빠가 자리 잡을 공간이 없었어요. 방금까지만 해도 기분이 좋았는데 알 수 없는 이유로 화나거나 시무룩해지는 감정이 들이닥쳐 내가 왜 그러는지 알 수 없어 당황스러웠습니다. 아침에는 일어나는 것이 너무 힘들어 몽롱하게 학교 가는 날이 일주일에 절반 정도였습니다. 나도 알 수 없는 몸과 마음의 감정 변화가 버거웠습니다. 고민과 걱정이 많아지고, 남들과 비교하면서 불행감을 키우기도 했습니다.

그때 제 주변 어른들이 "밤엔 잠이 잘 안 오고 아침엔 일어나기 힘들고 너무 당황스럽지? 나도 네 나이 때 그랬어. 사춘기 때 몸의 변화가 와서 그렇대. 네가 이상한 게 아니야"라고 말해줬다면 혼란스럽지 않았을 것 같아요. "외모에 신경 많이 쓰이지. 사람들이 너만 보는 것 같고 말이야. 네 나이 때는 남에게 내가 어떻게 보이는지를 중요하게 여겨"라고 말을 먼저 꺼냈다면, "엄마도 그랬어? 그래서 어떻게 했어?"라고 대화를 이어나갔을지 모릅니다.

사춘기 아이들은 변화하는 자신의 몸과 마음을 이해하지 못하니 마음처럼 따라와주지 않는 그런 자신을 비난하거나 자신의 몸과 마음을 외면합니다. 혼란스러운 아이들의 몸과 마음의 세계를 돌봄의 마음으로 물어봐주고 함께 그 마음을 공감하고 들여다봐준다면 우리 아이들은 스스로를 더 깊게 이해하고 긍정적으로 자기 자신을 내면화할 것입니다.

이 책은 사랑스러운 자녀, 조카 또는 공동체, 사회

등에서 만나는 10대들의 내면의 소리를 들어주고 싶은 어른을 위해 총 3장으로 구성했습니다. 1장은 10대들과 대화를 어떻게 해야 하는지에 대한 내용입니다. 10대들과 자주 마주하는 삶의 장면을 중심으로 10대의 말을 어떻게 듣고 어른인 우리는 어떻게 말해야 하는지 이야기합니다. 2장은 갑자기 변화된 10대의 몸과 마음, 세계를 이해하는 내용입니다. 사춘기 아이는 왜 그렇게 말하고 행동하는지 이해한다면 어른들이 아이의 말과 행동에 덜 상처받고 그들을 공감할 수 있습니다. 마지막 3장은 사춘기 자녀를 둔 부모나 10대를 사랑하는 어른의 마음 회복을 위한 내용이 담겨 있습니다. 어린 시절 받은 상처가 회복되지 않은 부모는 자기도 모르게 자녀에게 똑같은 상처를 줄 수 있습니다. 과거 상처 받은 기억에 연고를 발라주며 회복의 시간을 갖고 자기 마음을 잘 조율

할 수 있는 마음공부를 준비했습니다.

태양이 작열하고 폭풍우가 몰아치는 여름 바다 같은 10대의 인생 바다를 안전히 건널 수 있게, 등대처럼 그들 곁에 서 있는 어른이 많아지길 바라는 마음입니다.

최소영, 최한영의 뜻을 모아

조에스더 씀

대화, 다시 배울 수 있어요

아이와의 대화 어떻게 해야 하나요?

아이가 마음껏 웃고 행복해하던 때를 떠올려보세요. 맛있는 음식을 먹거나 친구들과 놀 때, 좋아하는 게임을 허락해줄 때 등 많은 생각이 날 것입니다. 그럼 아이들이 언제 힘들어하던가요? 여러 이유가 있겠지만, 그중 하나가 친구들과 싸우거나 사이가 안 좋을 때일 것입니다. 친구와 재미있게 지낼 때는 그렇게 행복해하더니 친구와 싸웠을 때 어두운 얼굴로 앉아 있는 것을 보면 마음이 아픈 게 부모 심정입니다. 아이 친구한테 달려가 친하게 지내라고 말하고 싶지만 그럴 수 없어 답답하고 속상하지요.

그런 날은 어떻게 아이를 도울 수 있을까 고민이 깊어집니다. 혹시 내성적이고 말수 적은 나 때문인가 싶어 자책을 하기도 하고, 친구 사귀는 법을 알려주는 학원에라도 보내야 하는 건 아닌가 생각이 들지요. 부모로서 잘해보고 싶은 마음에 이런저런 책도 찾아 읽고 유튜브도 보고 다양한 특강도 들으며 공부해보지만, 아이한테 가르치는 것도 어색하기만 합니다. 부모인 나부터 말하는 법을 바꿔보려 해도 쉬운 일이 아닙니다.

한두 번은 배운 대로 아이와 대화를 잘하다가도 가끔씩 소리를 "빽" 지르며 원래 모습으로 돌아간 내 자신이 한심하고 아이에게 미안합니다. 대체 무엇이 문제일까요? 아이와 어떻게 대화해야 할까요? 지금까지 부모로서 해온 고민과 시행착오는 여러분 혼자만의 이야기가 아닙니다. 어떤 부모건 자책했다가 다시 아이에게 다가섰다가를 반복하는 일상의 연속이지요. 그러니 '내가 이상한 부모인가' '나는 왜 이러지?'라는 자책은 하지 않아도 됩니다. 자책의 뒷걸음보다 노력의 한 걸음이 더 의미 있으니까요. 자, 그럼 본격적으로 노력의 한 걸음을 걷기 위해 그전에 알아야 할 대화의 특성이 있습니다.

대화의 근육을 키우세요

대화는 수영과 같습니다. 수영 교재를 읽는다고 수영 실력이 늘어나지 않잖아요. 수영장에서 행동하며 물도 먹으면서 실력이 향상되는 것처럼, 대화도 직접 말하는 실전 훈련이 필요합니다. 대화와 관련된 책을 읽는 것으로 끝내기보다는 누군가와 대화 연습을 하면서 '대화 근육'을 만드는 것이 중요합니다. 근육은 몸에만 있는 것이 아닙니다. 말에도 근육이 있습니다.

평소에 운동을 하지 않는 사람이 모처럼 산에 오르면 다리가 뻐근하고 힘듭니다. 하지만 평소에 운동을 꾸준히 한 사람이라면 험한 산도 가뿐히 오를 수 있습니다. 바로 근육이 있기 때문입니다. 대화도 마찬가지입니다. 평소에 좋은 대화를 하지 않으면 좋은 대화 근육이 없으니 한 마디하는 것도 어렵고 심장이 빨리 뛰며 실수를 합니다. 그러면 대화할 때마다 긴장되고 피곤하고 지치게 되지요. 매일 수영장에 가서 발차기를 하며 근육을 만드는 것처럼 대화도 매일 연습이 필요합니다. 좋은 책을 함께 읽고 독서모임에서 이야기하거나 대화 훈련 모임 등에 참여하는 것도 자연스럽게 연습할 수 있는 방법입니다.

무슨 말을 할지 먼저 생각하세요

대화는 의식적인 일상입니다. "아이와 매일 말하는 것도 대화 근육이 아닐까" 하고 묻는 분도 있습니다. 대화 훈련이란 내가 지금 하고 싶은 말이 무엇인지 미리 의식하고 바람직하다고 생각한 대로 말하는 연습입니다. 내가 무슨 말을 하는지 모르고 습관대로 말을 하는 것이 아닙니다. 누군가와 대화하기 전에 내가 하고 싶은 말이 무엇인지 의식적으로 생각하고 약간 부자연스럽거나 더듬거릴지라도 말해보는 것입니다. 처음에는 낯설고 이렇게까지 해야 하나 싶지만, 무슨 말을 하는지 나 자신도 모르면서 의식의 흐름대로 아무 말이나 하며 아이의 마음을 아프게 하기보다 더듬거리고 시간이 걸리더라도 하고 싶은 말을 생각하고 서로를 존중하는 방식으로 대화하는 연습을 하는 것이 필요합니다. 그렇게 되면 좋은 대화 근육이 생겨서 갈등 상황이나 불편한 말을 해야 할 때도 좋은 대화를 나눌 수 있습니다.

우리의 목적은 청산유수로 말하는 것이 아닙니다. 그것이 꼭 좋은 대화라고 말할 수도 없습니다. 대화란 내가 하려는 말이 무엇인지, 상대와의 대화 속에서 내 마음에 무슨 일이 생겼는지 알아차리면서 상대의 마음으로 가는 디딤돌을 하나씩 놓는 과정입니다. 서두르기보다 천천히, 지름길보다는 조금 돌아가더라도 평지로 가듯 말이지요.

다른 사람이 대화하는 것을 들어보세요

대화는 다른 사람과의 관계에서 더 자연스럽게 배울 수

있습니다. 사람들과 자주 대화하거나 대화하는 모습을 보면서도 배울 수 있습니다.

그래서 대화법을 아이에게 가르치기보다 좋은 대화를 경험하게 하는 것이 중요합니다. '아, 나도 엄마처럼 말하고 싶다' '나도 아빠처럼 말하고 싶다' 이런 마음이 들게 말이지요. 아이는 그 말이나 표현을 기억해두었다가 '나도 다음에 저렇게 해야지' 하고 결심하게 됩니다. 아이는 자신에게 좋은 말을 건네고 자신의 이야기를 잘 들어주는 누군가를 통해 말하는 법을 습득하게 됩니다. 내 아이의 말은 부모에게서 습득한 결과물입니다.

대화는 나의 생각을 담은 말그릇입니다

대화는 그릇입니다. 말 속에는 말하는 사람의 감정과 생각, 의식과 신념이 담겨 있습니다. "여자아이가 왜 이렇게 뛰어다녀?"라는 말 속에는 '여자아이는 얌전해야 해'라는 신념이 숨어 있습니다. 우리가 훌륭한 대화법을 배워도 잘 바뀌지 않는 이유는 말그릇에 담긴 나의 생각과 신념이 바뀌지 않았기 때문입니다.

예를 들어, '우리 아이는 수학을 못해'라는 굳은 믿음을 가진 부모는 아이가 이번 중간고사에서 수학 시험을 잘 봤다고 이야기하면 이렇게 말할 가능성이 큽니다.

"네가 웬일이야? 시험이 쉬웠니?"

아이에게 칭찬을 해줘야 한다는 것을 알지만 막상 그런 상황에서 이런 말이 툭 나와버립니다. 왜 그럴까요? '우리 아이는 수학을 잘 못해'라는 생각을 담고 있다보니 아이의 실력이 믿기지 않는다고 말하게 되는 것입니다. 대화 습관을 바꾸고 싶다면 자신의 생각과 신념을 먼저 점검해봐야 합니다. 나는 우리 아이를 어떻게 바라보고 있을까? 부모란 어떤 사람일까? 그리고 나 자신, 아이, 부부, 세상 등에 대한 나의 생각과 신념을 살펴보아야 합니다. 그것만으로도 대화습관을 바꾸는 데 절반은 온 것입니다.

일상의 대화가 배움이에요

대화는 일상에서 배웁니다. 마트에서 계산대 직원과 이야기하거나 옆집 이웃과 엘리베이터에서 인사하거나, 명절에 모인 친척들과 안부를 묻는 대화를 통해 아이는 부모가 다른 사람과 소통하는 모습을 보게 됩니다. 우리 아이는 일상에서 부모가 대화하는 것을 보는 것만으로도 다른 사람을 어떻게 대하고 어떻게 말해야 하는지 알게 됩니다. 그러니 부모가 먼저 다른 사람과 소통하는 모습을 통해 서로 존중하고 갈등 상황을 슬기롭게 대처하는 모습을 보여주는 것이 중요합니다. 이 책에서는 그 방법을 알려주려고 합니다. 이 책이 아이에게 한 걸음 더 가까이 다가갈 수 있는 길을 찾는 데 도움이 되길 간절히 바랍니다.

차례

Part 02 아이의 말 잘 듣는 법

Part 03 나의 마음 들여다보는 법

Part 01

아이에게 말 잘 거는 법

01

아이가 잘못했을 때 어떻게 말해야 할까요?

나의 어머니가 나에게 심은 '말씨앗'이 있어요

현정 씨는 점심식사 후 물을 마시다가 옷에 물을 흘렸습니다. 그런데 갑자기 혼잣말을 합니다.

'하여튼 칠칠맞다니까….'

현정 씨가 무언가를 깜박하거나 완벽하게 하지 못할 때 스스로에게 자주 하는 말입니다. 그런데 이 말은 현정 씨가 어렸을 때 어머니가 자주 하던 말이기도 합니다. 어머니가 현정 씨에게 심은 '말씨앗'이 그 안에 있기 때문입니다. 그래서 어머니가 그랬던 것처럼 현정 씨 자신에게 똑같은 말을 하게 되는 것이지요.

무심코 던진 말 한마디 인생을 결정해요

부모의 말은 아이의 인생이라는 정원에 뿌려지는 씨앗과 같습니다. 아이가 어떤 존재인지 얘기해주는 부모의 말씨앗은 아이 인생 전반에 영향을 미칩니다. 무심코 던진 말 한 마디로 그렇게까지 될까 싶지만, 어렸을 때는 아이 스스로 어떤 존재인지 알지 못합니다. 내가 무엇을 잘하는지, 어떤 사람인지 등 자신에 대한 상(자아상)이 만들어져 있지 않습니다. 이때 부모나 양육자, 주변 어른이 아이가 어떤 존재인지 옆에서 말해줌으로써 자신이 어떤 사람인지 깨닫기 시작합니다.

어느 날, 아이가 옆반 친구가 준비물을 가지고 오지 않아 곤란해하길래 자기 물건을 빌려주고 왔다고 해볼까요? 엄마가 아이에게 "친구한테 마음을 많이 썼구나. 배려심이 엄마보다 더 많네"라고 이야기한다면 아이는 '난 배려심이 많은 아이구나'라고 생각하게 됩니다. 부모의 말, 특히 아이를 향한 부모의 말은 아이 스스로 무의미하고 결점이 많은 존재인지, 이 세상에 소중한 존재로 초대를 받은 것인지 알게 됩니다.

아이와 대화할 때 어떤 말을 해야 좋을까 고민하는 시간이 더 많아질 수 있습니다. 하지만 이것 하나만 기억하세요. 아이에게 좋은 말을 하는 것도 중요하지만 나쁜 영향을 주는 부정의 말씨앗을 알아차리는 것이 더 중요합니다.

부모의 말은 아이의 키보다 더 크게 자라서 아이의 인생 정원에 그늘을 만드는 나무, 온갖 나비와 벌을 초대하는 꽃들로 자랍니다. 인생 정원을 해치고 망치는 말씨앗은 우리 아이를 힘들고 고단하게 만들 수 있습니다. 그럼 지금부터 부모가 아이의 인생 정원에 뿌리지 말아야 할 말의 씨앗에는 무엇이 있는지 알아보겠습니다.

✷ 이렇게 해보세요

하나. 아이가 선택할 수 있게 해주세요

"시끄러워. 그만 떠들어."

"빨리 밥 먹고 학교 가."

"게임 그만해."

부모가 아이에게 "그만해"라고 말하는 것과 아이가 부모에게 "그만할래요"라고 말하는 것은 다릅니다. 아이가 "그만할래요"라고 말한 것은 아이 스스로 자신의 행동을 선택한 것이지만 부모가 그만하라고 하는 것은 부모가 아이의 행동을 선택한 것이지요. 이처럼 자유 대신 억압을 심는 말은 아이의 선택의 기회를 뺏습니다. 부모 입장에서는 억압이 나름 효과가 있습니다. 우선 시간을 절약해줍니다. 다정한 목소리로 "엄마가 네 방 청소할 건데 침대시트는 네가 정리해줄래?"라고 말할 때 "네 지금 할게요"라고 말해준다면 정말 좋을 텐데 그렇게 말하는 아이는 거의 없으니까요.

우리는 자신이 원하는 때에 원하는 일을 선택할 자유가 있습니다. 아이의 욕구가 제대로 반영되지 않는 상황에서 아이에게 청소해도 되는지 의사를 묻지 않고 바로 "일어나 청소하게. 넌 방이 이게 뭐니?" 하며 아이를 비난하고 명령합니다. 몇 번 다정하게 말해도 아이가 꿈쩍도 하지 않으면 그때 우리는 억압의 말 카드를 꺼내게 됩니다.

"TV 끄고 들어가서 당장 네 방 침대 정리해. 얼른 들어가, 빨리! 셋 셀 때까지 들어가. 하나! 둘!"

눈에 불을 켜고 목소리 데시벨을 높여야 아이는 방으로 들어갑니다. 소리를 질러야 아이는 조금 더 속도를 내고 부모가 원하는 행동을 합니다. 이런 일이 반복되다보면 우리는 '이번 생에 다정하게 말하는 부모 되기는 글렀다'면서 이후부터는 소소한 일에도 억압적으로 말하게 됩니다. 명령, 지시, 강요와 같은 억압의 말은 빠른 시간 안에 아이의 행동을 통제할 수 있습니다. 그러나 억압의 말은 시간이 지날수록 더 크고 강력한 목소리와 제스처가 필요하게 됩니다. 아이가 큰 목소리에 익숙해지다보니 이른바 '약발'이 떨어지는 것입니다.

물론 억압의 말이 무조건 나쁜 것은 아닙니다. 허용될 때가 있습니다. 긴급한 상황이나 아이가 위험한 상황이라면 행동을 금지시킬 필요가 있습니다. 예를 들어, 아이가 위험한 물건을 만지려 할 때 "만지지 마. 위험해"라고 하거나, 빨간 신호등인데 휴대폰을 보면서 건너려 할 때 "조심해. 휴대폰 그만 봐. 앞에 오는 사람 보면서 걸어야지"라고 할 수 있습니다. 그러나 이런 긴급한 순간이 아니라면 억압의 말보다는 아이가 선택할 수 있는 기회를 주는 말을 해야 합니다.

억압적인 명령이나 지시, 강요는 부모가 원하는 대로 아이의 행동을 바꿀 수는 있어도 아이의 마음을 바꿀 수는 없습니다. "일어나"라고 큰 소리로 말하거나, "빨리빨리 움직여. 왜 이렇게 느려"라는 말 대신 이렇게 해보세요.

"언제 깨우면 기분 좋게 일어날 수 있겠어?"

"시간 안에 가야 하는데 엄마가 마음이 급하네. 뭐

도와줄 거 없어?"

아이가 자신의 상황에서 무엇을 해야 할지 선택할 수 있도록 알려주고 아이에게 도움을 요청하거나 어떤 도움이 필요한지 물어보는 것입니다. 아이가 스스로 선택할 수 있게 하고 기다려주는 것이 필요합니다.

둘. 두려움 대신 용기의 말을 해보세요

"엄마, 나 태권도 배우고 싶어."
"넌 몸이 둔해서 그런 거 배우다 꼭 다치더라. 집에서 스트레칭이나 해."

아이가 무언가에 도전하거나 부모 의견에 반대할 때, 우리는 걱정이 앞섭니다. '안 하던 운동하다가 다치면 큰일 나는데….' '우유를 많이 먹어야 키 크는데 키 더 안 자라면 어쩌지? 조금이라도 먹여야겠다.' 이런 걱정들이지요. 부모의 그런 마음속 걱정은 아이에게 두려움을 주는 말로 전달됩니다.

"너 그러다 다친다. 하지 마."

"그러다 키 안 커. 친구들이 놀리면 어떻게 할래?"

두려움을 심어준다고 아이가 더 조심하거나 부모의 걱정을 헤아리는 것은 아닙니다. 물론 두려움이라는 감정이 무조건 나쁜 것은 아닙니다. 낭떠러지 앞에 섰을 때 두렵다고 느껴야 뒤로 물러서지요. 두려움은 우리를 안전하게 지켜줍니다. 그러나 두려움은 위험에 빠졌을 때 느끼는 감정일 뿐, 부모에게서 느껴야 할 감정은 아닙니다. 두려운 감정으로 아이를 변화시키려 하기보다 희망과 용기를 주어 한 걸음 나아가게 해야 합니다.

두려움은 한 걸음 뒤로 물러서게 하지만, 용기는 한 걸음 앞으로 나아가게 합니다. 두려움의 말은 부모에게서 한 걸음 물러서게 하지만, 용기의 말은 부모 곁으로 한 걸음 다가오게 합니다. 그래도 꼭 아이가 알아야 할 두려움이 있다면 부모의 애정 어린 염려의 말과 함께 용기를 함께 전해야 합니다.

"엄마가 걱정이 되네. 지율이가 평소에 안 하던 운동

하다 다치면 어쩌나 해서. 그래도 운동하겠다고 결심한 건 정말 훌륭해. 모처럼 마음먹었으니 잘할 거야. 다치지 않도록 주의하고."

아이에게 필요한 말은 안전을 가장한 위협이 아니라 다치지 않았으면 좋겠다는 부모의 염려와 격려입니다.

셋. 죄책감 대신 책임감을 심어주세요

"혼자 해보겠다면서 이게 한 거니?"
"너는 제대로 하는 게 뭐가 있니?"
"누굴 닮아 이렇게 천방지축이야? 조심성이 없어 애가~."

아이가 무엇을 잘못했을 때 우리는 무언가를 가르칠 기회라고 생각합니다. 이 기회에 따끔하게 혼내야겠다고 생각을 하지요. 잘못한 일에 대해 책임 지는 법을 알려줘야겠다고 다짐합니다. 그러나 다짐과는 달리 입에서 나오는 말은 아이에게 죄책감을 심어주는 말뿐입니다. 무엇을 잘못했는지 꼼꼼히 알려주어야겠다고 생각했지만, 정작 잘못한 행동을 지적하기보다 아이 자체가 잘못되었다며 손가락질하고 맙니다.

"왜 그렇게 오지랖 부리면서 친구들 일에 나서? 그러지 말라고 했지?"

'오지랖'이라는 말로 아이에게 비난을 하고 있습니다. 물론 아이에게 손가락질을 하려는 것은 아니겠지요. 그런데 생각해봅시다. 이런 말에 아이가 정말 자신의 잘못과 책임을 느낄까요? 자신의 행동을 쓸데없는 행동이라고 말하는 부모에게 서운하거나 화 나지 않을까요?

때로는 아이가 잘못했을 때 아이의 마음을 알아차리기보다 속상한 부모의 마음을 먼저 드러내고 죄책감을 심어주기도 합니다.

"아이고, 진짜 내가 못살아. 내가 널 잘못 가르친 것 같다."

아이는 잘못한 일뿐만 아니라 부모의 감정까지도 책임져야 한다고 생각하게 됩니다. 아이는 마음이 더 무거워지고 자신의 잘못에 대해 회복할 수 있는 방법을 찾기보다 '에라, 모르겠다. 난 이미 글렀어'라며 자포자기할 수도 있습니다.

아이가 잘못을 저질렀을 때 아이에게 가르쳐야 할 것은 책임감이지 죄책감이 아닙니다. 죄책감을 심어주면 아이는 더욱 위축되거나 포기합니다. 아이가 물을 엎지르자 엄마가 말합니다.

"저 봐, 조심성이 없다니까. 여자애가 왜 그러니?"

아이의 성격이나 태도, 존재를 비난하며 죄책감을 심는 말은 아이를 위축되게 할 뿐입니다. 책임감을 심어줄 수 있는 말을 해야 합니다. 아이를 탓하거나 속상한 마음이 일어나면 그 생각을 그저 알아차리세요. 굳이 말로 표현할 필요는 없습니다. 그리고 아이가 잘못한 말과 행동에 대해서는 격려의 언어로 이야기하세요.

"컵에 물을 꽉 차게 담았네. 우선 물 흘린 자리 먼저 닦고, 쟁반에 담아가면 좋겠다."

02

아이가 실패했을 때 뭐라고 말해줄까요?

좌절감 대신 희망을 심어주세요

"엄마가 보니까 넌 이과는 아닌 거 같다."

"그러니까 넌 그 친구 만나지 말았어야 했어."

"여기서 그만하는 게 좋겠다. 넌 이거랑 안 맞아."

결과가 좋지 않거나, 일이 뜻대로 되지 않았을 때 실패의 원인을 분석하는 것은 중요합니다. 그런 판단과 분석은 다음을 준비하는 아이의 성장에 도움이 됩니다. 하지만 막상 그런 마음을 담아 아이에게 말하다보면 좌절감을 심어줄 때가 있습니다. 현재 문제가 무엇인지 판단하고 분석한 다음, 앞으로 어떻게 해야 할지를 이야기보다는 아이의 가능성을 단정적으로 판단하는 것이지요. 실패의 원인을 분석하는 이유는 아이의 성장을 돕고 희망을 주기 위한 것입니다.

아이가 원하는 결과를 얻지 못해 좌절할 때 부모는 어떻게 해야 할까요? 아이가 들을 준비가 되어 있지 않은 상태에서 실패의 이유를 분석한다면 더욱 좌절할 뿐입니다. 원인 분석도 타이밍이 중요합니다. 아이가 들을 준비가 되어 있는 상태인지를 먼저 체크해야 합니다.

✷ 이렇게 해보세요

하나. 아이가 들을 준비가 됐는지 확인하세요

"마음은 어때? 괜찮아? 엄마한테 지금 말해줄 수 있어?"

아이가 말한다면 충분히 들어주세요. 아무 말도 하지 않는다면 말할 마음이 아니라는 것이니 조금 더 기다려주세요. 괜찮다고 한다면 정말 괜찮은지 한 번 더 물어보세요. 자신의 상황을 인정하고 수용하는 상태에서 실패를 들여다볼 때 상처받지 않고 객관적으로 판단할 수 있습니다.

판단과 분석도 스스로 할 때 도움이 됩니다. 부모의 의견을 먼저 말하기보다 아이 스스로 생각을 말할 수 있도록 질문하고 들어주세요. 부모로서 실패의 원인에 대해서 이야기할 때는 아이가 무엇을 잘했는지, 무엇을 더 노력해야 하는지, 그렇게 노력하면 어떤 결과를 만들어낼지, 충분히 가능성이 있다는 격려와 함께 부모가 도울 것은 없는지 말해주세요.

둘. 열등감 대신 자존감을 심어주세요

"형은 잘하는데 너는 영어가 안 되잖아."

"그렇게 하면 동생한테 형이라고 해야겠다."

"이제 중학생 됐다고 아주 다 큰 줄 아나보네?"

학창 시절이나 직장 생활을 하면서 누군가와 비교 당한 경험이 있나요? 아니면 스스로 누군가와 비교하며 자학한 적이 있나요? 나 스스로 할 수 있는 고문이 있다면 그것은 타인과의 비교일 것입니다. 자의든 타의든 누군가와 비교 당하는 것만큼 괴로운 것도 없습니다. 그렇지 않아도 경쟁이 만연한 학교와 사회 구조 속에서 오늘 잘해도 내일 못하면 잘한 것 같지 않습니다. 그러니 잘하고 있어도 불안한 것이 요즘 아이들 삶입니다.

가만히 있으면 뒤처지는 느낌이라고 합니다. 나한테는 최고의 운동화지만 나보다 더 좋은 운동화를 신고 온 친구가 있으면 갑자기 내 운동화가 초라해 보이는 것처럼 말입니다. '최고' '1등'이 아니면 인정받지 못하는 세상 속에서 아이가 있는 그대로 사랑받을 만한 존재라는 자존감을 지키기란 하늘의 별 따기와 같습니다.

그럼에도 불구하고 우리는 아이를 누군가와 끊임없이 비교하며 자극하고 열등감을 부추깁니다. 그 말이 동기부여라고 생각하기 때문입니다. '그렇게 하면 자극을 받아서 문제집 한 장 더 풀지 않을까?' '조금 더 열심히 하지 않을까?' 하는 생각으로 말입니다. 물론 자극을 받고 열심히 하는 아이도 있습니다. 하지만 잠시일 뿐입니다. 오히려 타인을 경쟁자로 생각하는 마음과 열등감만 가중시키지요.

물론 '사실을 말한 것'이라고 말할 수 있습니다. 실력이 부족한 것은 사실이니까요. 하지만 아이에게 더 노력이 필요하다는 말로도 충분합니다. 굳이 다른 아이와 비교하여 스스로를 사랑하지 못하게 할 필요는 없습니다. 열등감을 심는 말은 아이를 불행하게 합니다.

사람은 누구나 잘하지 못하는 부분이 있기 마련입니다. 우리도 부족한 점이 있잖아요. 게다가 그런 점은 누구보다 우리 스스로 제일 잘 알고 있습니다. 속상하다고 누군가와 비교하며 더 큰 상처를 주지 마세요. 아이를 사랑한다면 더욱 주의해야 합니다. 열등감 대신 자존감의 말을 심어주세요.

"달리기는 미술보다 조금 더 노력이 필요한 것 같다. 미술만큼 달리기를 잘하게 되는 날이 오면 진짜 좋겠다! 우리 그날은 파티하자."

부족한 것은 오히려 성장가능성이 있고, 더 노력하면 나아지는 것이라고 말해주세요. 그럴 때 아이는 자신의 부족한 점을 온전히 받아들입니다. 완벽하지 않아도 그런 자신을 더욱 사랑할 수 있게 됩니다.

우리가 아이에게 줄 수 있는 것은 많은 재산이 아니라 말씨앗입니다. 좋은 말씨앗을 뿌리기 전에 아이의 가슴에 고통의 꽃과 자기 불신과 비관의 열매를 맺는 나쁜 말씨앗을 뿌리지 않는 것이 시작입니다.

check

부모 말 속
숨은 뜻 찾기

1 일어나! 빨리 먹어! 성적표 내놔! 조용히 해! 똑바로 말해!

2 또 그러면 용돈 안 줄 거야.

3 네가 하는 게 그렇지 뭐.

4 혁준이는 알아서 잘만 하더라. 공부하기 싫으니까 핑계는….

5 넌 내가 아는데 시험 볼 때 하나씩 틀려. 집중력이 없어서 그래.

a 자유 대신 억압을 심는 말(명령 지시 강요)

b 용기 대신 두려움을 심는 말(주의 협박 경고)

c 책임감 대신 죄책감을 심는 말(비난 비판)

d 자존감 대신 열등감을 심는 말(비교 경멸 조소)

e 희망 대신 좌절감을 심는 말(판단 분석 가르치기)

정답: 1-a, 2-b, 3-c, 4-d, 5-e

03

따라다니며 말 시켜야 겨우 대답해요

(한 걸음 다가서는 연습이 필요해요)

"저희 애는 네, 아니오만 대답해요. 어렸을 땐 안 그랬는데…. 무슨 말을 못 걸겠어요. 요즘 애들은 부모랑 말하는 걸 혐오하는 듯해요. 왜 이렇게 퉁명스러운지…."

영주 씨는 아이가 어렸을 땐 새처럼 재잘재잘 말이 너무 많아서 시끄럽다고 생각할 정도였는데 사춘기가 되니 부모와 말 섞기도 싫어하고 단답형으로만 말하는 아이가 서운하기만 합니다. 초등학교 때는 학교 이야기를 따라다니며 말하던 아이가 이제는 엄마가 쫓아다니며 물어봐야 겨우 한 마디 던질 뿐입니다. 영주 씨 마음도 이해가 되고, 부모랑 말하기 싫어하는 아이 마음도 이해가 됩니다. 우리도 사춘기 때 그랬으니까요.

아이는 사춘기가 되면 자아가 확장되고 부모의 세계가 아닌 또래의 세계로 날아가버립니다. 그러다보니 부모는 갑자기 뭔가 달라진 아이의 행동과 말을 지적하거나 아이의 개성과 자율성을 통제하는 말을 자주하게 됩니다. 물론 염려가 돼서 하는 말이지요.

이런 일이 반복되면 아이는 부모의 목소리를 부정적으로 인식하게 됩니다. 매번 부모가 아이 이름을 부르며 하는 말이라고는 확인하고 지시하고 추궁하는 것뿐이니까요. 그러다보면 아이는 부모가 이름만 불러도 '또 뭘 지적하려고 그러나, 또 시작이군' 하며 자동적으로 반응하게 됩니다. 부모가 자기 이름을 부르는 것이 반갑지 않으니 시큰둥할 수밖에요. 부모와 자녀의 관계이니까

뭐라도 대화해야 할 것 같아 말을 시켜보지만 좋은 반응은커녕 상처만 받게 됩니다. 그렇다고 또 그대로 두자니 걱정이 되지요.

✷ 이렇게 해보세요

하나. 호기심의 눈으로 바라봐주세요

아이가 눈에 보이면 cctv처럼 위아래로 훑어보거나 모든 것을 기록하려는 의심의 눈빛을 거두세요. 그런 눈빛은 아이가 기가 막히게 알아차립니다. '나를 믿지 못하는구나' '나를 탐탁지 않아 하는구나' 하고 생각합니다. 아무 말 하지 않아도 부모의 눈빛에서 알 수 있습니다. '재가 뭘 하나?' '재가 무슨 말썽을 부리려나?' 하는 의심의 눈빛 대신 '내가 뭘 도와줄 건 없나' '마음은 괜찮은 건가' 하는 호기심 어린 눈으로 바라보세요. 자신을 감시하는 듯한, 뭔가를 체크하려는 듯한 눈빛은 이미 집 밖에서 다른 사람들에게 많이 받습니다.

왜 호기심의 눈빛일까요? 내 아이지만 내가 알고 있

는 아이의 세계는 일부분입니다. 학교 생활, 친구 관계 등 아이 스스로 오롯이 겪고 있는 삶은 우리가 알지 못합니다. 그럼에도 불구하고 부모는 내 아이는 내가 제일 잘 안다고 생각합니다.

그러다보니 아이가 어떤 행동을 하면 궁금해하기보다 그 상황을 판단해버립니다. 내가 다 알고 있다는 마음을 내려놓고, 다 알고 싶다는 마음도 내려놓으세요. 어제와 다른 아이의 표정과 걸음걸이를 눈에 담아두세요. 오늘은 무슨 말을 하려는 걸까 하는 호기심의 눈으로 바라보는 것은 말에도 고스란히 드러납니다. 의심으로 바라보면 비난이나 추궁을 하게 됩니다.

"또 학원 안 갔니?"

"너 무슨 잘못했어?"

호기심으로 바라보면 비난과 추궁은 멈추고 아이의 마음이나 상황을 묻게 됩니다.

"무슨 일 있었니?"

"괜찮아? 엄마가 도와줄 건 없어?"

지금 우린 어떤 눈빛으로 아이를 바라보고 있나요?

둘. 아이의 긍정적인 작은 행동을 말해주세요

의심과 판단을 내려놓고 호기심의 눈으로 아이를 관찰하면 보이지 않던 것을 볼 수 있습니다. '왜 저렇게 느리게 움직이는걸까' 하던 생각을 멈추고 아이의 움직임을 관찰해보면 기분이 안 좋을 때 그렇다는 것을 발견하기도 합니다. 때로는 큰아이가 식탁에 앉기 전에 동생의 머리를 쓰다듬는다는 것을 알게 됩니다. 그것이 큰 아이가 동생을 사랑하는 방법이라는 것을 깨닫게 되지요. 미처 발견하지 못한 아이의 긍정적인 행동을 보게 됩니다. 그런 행동을 알아차려주고 고맙다고 이야기해주어야 합니다. 긍정의 말씨앗을 많이 뿌려둔다면 나중에 아이와 갈등이 생겨도 이미 쌓아둔 부모에 대한 긍정의 감정 덕에 안 좋은 감정으로 크게 번지지 않습니다.

아이의 긍정적인 행동을 언급해주면 본인 스스로도 몰랐던 자신의 행동을 인식하게 됩니다. 우리의 행동에는 무의식적으로 하는 것이 많기 때문에 자기 자신을 객관적으로 관찰하지 못할 때가 많습니다. 이때 다음에 이런 행동을 또 하게 만들어야겠다는 의도보다는 고마운 마음을 담백하게 전달하세요. 의도를 담으면 아이들은 금세 알아차립니다. '나를 조종하려고 하는구나' 하고 말이지요.

"요즘 기상 시간이 조금씩 빨라지네. 좋아."
"엄마 카톡에 답해줘서 오늘 하루 행복했어. 고마워."

셋. 짧고 재밌게 가끔은 진지하게

중학생 아이와 이야기한 적이 있습니다.

"너희들이 고쳐야 할 점이 있을 때 부모님이 어떻게 말해주면 좋겠어? 부모님 입장에서는 말하면 기분 나빠할까봐 말 꺼내기도 겁나고, 말을 안 하자니 그건 아닌 것 같거든."

"그래도 말해주셔야 알아요. 그냥 지나가면 괜찮나 보다 생각해요. 막상 그 자리에서는 얼굴 붉히고 기분 나빠해도 나중에 그 말을 다시 생각해보게 되거든요."

"그럼 어떻게 말해주면 좋아? 부드럽게 말해도 너희들이 싫어할 때가 있거든."

"너무 진지하면 더 어색해요. 그리고 비난하듯 말하면 아예 듣기 싫고요. 유머코드를 넣어서 재미있게 전달하면 좋겠어요. 비꼬지 않고 센스 있게요."

재미를 추구하는 청소년기 아이에게 훈육할 때는 유머를 섞어보세요. 처음부터 너무 진지하면 훈육의 메시지보다는 경직된 분위기에 마음이 상해 메시지를 놓칠 수 있습니다. 특히 처음이라면 더욱 아이가 모르고 한 일이겠지요. 이럴 땐 적절하지 않은 상황에 대해 언급하고 메세지는 짧게 전합니다. 그러나 아이의 부적절한 행동이 반복된다면 그때는 진지하게 이야기해도 좋습니다.

"톡이 계속 안 돼서 너무 걱정했어. 네가 연락하기를 기다렸거든…."(×)

"엄마가 톡했는데 너 안드로메다로 간 줄 알았다. 다음엔 짧게라도 톡 부탁행."(○)

"10시반 실화? 우리 늦었어. 빨리 움직이자."(○)

재미있게 말하는 것과 비꼬는 것은 다릅니다. 아이의 행동에 대해 유머러스하게 말한다면서 아이를 조롱하거나 놀릴 때가 있습니다. 또한 아이가 부모에 대한 신뢰가 적을 경우 칭찬이 너무 과하면 오해하기도 합니다.

넷. 다정하게 반응해주세요

청소년기에 부쩍 아이와의 대화가 줄어들면 부모는 마음이 조급해집니다. 그래서 먼저 말을 걸어보지만 제대로 반응하지 않는 아이에게 마음 상하는 일이 한두 번이 아니지요. 말을 주고받는 것만이 대화가 아닙니다. 침묵을 견뎌주는 것, 잘 들어주는 것, 진심을 담아 응원하는 눈빛을 보내는 것, 아이 옆에 그냥 함께 앉아 있어주며 아이의 숨소리를 들어주는 것도 좋은 대화입니다.

서둘러 무언가를 말하고 질문을 해서 아이의 답을 이끌어내려고 하지 마세요. 아이가 말을 꺼내면 말이 다 끝날 때까지 들어주세요. 그리고 잠시 그 말을 가슴에 담아보세요. 아이의 마음이 어떨지 추측해보세요. 그리고 말을 꺼내준 아이에게 고맙다고 말해주세요. 더 듣고 싶다고도 말해주세요.

"그래, 이야기해줘서 고마워. 더 이야기해줄래?"(○)
"정말 재밌네. 친구들도 너무 재미있고. 엄마한테 더 들려줄 수 있어?"(○)

다섯. 작은 대화부터 시작하세요

진지한 주제로만 대화할 수 있는 것은 아닙니다. 아침에 아이를 깨울 때, 아침 식사를 준비할 때, 엘리베이터 안이나 픽업할 때 등 스치는 순간순간마다 작은 대화를 해보세요. 아침에 아이를 깨울 때 "일어나!" 하고 소리 지르기보다 "좋은 아침이다. 지원아"라고 말해보세요. 엘리베이터 안, 사람들 틈에서 "너 시험 언제니?"라고 묻기보다 "힘들지?"라는 격려의 말을 해주세요. 아이를 픽업하면서 "왜 이렇게 느리게 걸어?" 하기보다 "오늘도 우리 고생했다. 그렇지?" 하며 서로를 격려하고 존중하는 말로 순간순간을 채워보세요.

이런 작은 대화에도 아이가 탐탁지 않아 하거나, 원하는 반응을 하지 않는다 해도 아이를 탓하거나 대답을 강요할 필요는 없습니다.

"너는 엄마가 말하는데 왜 반응이 없어, 엄마 말 들은 거야?"

아이는 들었습니다. 아이의 귀는 열려 있어요. 아직 엄마를 향해 마음의 입이 닫혀 있을 뿐입니다. '내 말을 들었을까?' 걱정하지 마세요. 아이는 다 들었습니다.

아이들과 자신의 부모에 대해 '뒷담화'하는 시간을 가진 적이 있습니다. 아이들의 이야기를 들어보면 한결같이 부모가 자신에게 했던 말과 행동을 기억하고 말합니다. 아이들은 다 듣고 보고 있습니다.

부모가 원하는 시간과 장소에서 아이와 진지하게 대화하려면 그전에 아이의 마음 밭에 '존중의 씨앗'을 뿌려야 합니다. 아이가 부모에게 느끼는 마음, 바로 '나는 존중받고 있어' 하는 마음 말이지요. 아이가 존중받고 있다고 느끼는 작은 대화로 시작해보세요. 일상의 대화가 모여 신뢰가 됩니다.

04

칭찬은 어디까지 해야 하나요?

칭찬보다 고맙다고 말하세요

"병수가 설거지를 다했네? 이게 웬일이냐? 아파트 앞에 현수막이라도 하나 걸어야겠네!"

지영 씨가 저녁시간에 맞춰 집에 들어왔더니 아이가 벌써 저녁을 차려 먹고 깨끗하게 설거지를 해놓았습니다. 기특하기도 하고 제대로 칭찬해주고 싶어서 이런 말을 건넸는데, 아이 반응은 시큰둥합니다. 지영 씨는 '칭찬은 고래도 춤추게 한다'는 말도 우리 아이 앞에서는 힘을 못 쓰는 건가 싶어 속상합니다.

칭찬은 인간관계를 맺고 유지하는 데 좋은 영향을 미칩니다. 과한 칭찬이라는 것을 알면서도 누군가가 칭찬해주면 그렇게 기분 좋을 수가 없습니다. 칭찬의 특징 중 하나는 들을수록 더 받고 싶어진다는 것입니다. 그래서 칭찬 받을 만한 행동을 더 자주하게 되지요.

어린 아이가 싱크대로 아장아장 걸어가서 빈 그릇을 넣으면, 부모는 박수를 치며 잘했다고 칭찬합니다. 아이는 행복한 미소를 짓지요. 하지만 시간이 지날수록 아이에게 예전의 박수보다 더 큰 박수를 쳐주어야 만족합니다. 하나가 아닌 두 개, 세 개를 넣으면서 부모에게 박수와 환호를 요구합니다. 급기야 리모컨, 지갑 등 집 안에 있는 모든 물건을 싱크대에 넣습니다. 결국 부모가 "그만해" 하고 소리치며 말려야 아이는 행동을 멈추게 됩니다.

혼자 밥을 차려 먹고 깨끗하게 설거지를 해놓은 병수에게 우리는 어떻게 말해야 할까요?

✷ 이렇게 해보세요

하나. 노력을 알아주는 칭찬을 하세요

"설거지 깨끗하게 되어 있네. 싱크대에 물기도 없고. 너도 시험기간이라 신경 쓸 일이 많을 텐데 엄마 도와주려고 이렇게 마음 썼네. 사실 오늘 엄마가 늦게까지 보고서 써야 할 일이 있었는데 네가 설거지해둔 걸 보니 뭉클하다. 네 덕분에 엄마가 보고서 쓸 시간을 더 갖게 됐어. 병수가 마음써준 게 엄마는 제일 고마워."

이 말 속에서 아이는 무엇을 발견했을까요? 그냥 설거지를 한 것일 뿐인데 아이는 엄마에게 어떤 기여를 했는지 알 수 있게 됩니다. 아이가 엄마를 위해 마음을 쓴 것을 알아주었으니까요. 엄마의 지금 상황도 알 수 있습니다. 그래서 엄마의 오늘 저녁 일과에 아이가 매우 큰 기여를 한 것입니다. 무엇보다 엄마가 가장 고마워하는 점은 바쁜 상황에서도 엄마를 생각해준 점이라는 것입니다. 이 말을 들은 아이는 어떤 감정이 들까요? 그리고 아이는 다음에 어떻게 변할까요? 감탄과 평가, 조건적인 말이 들어간 칭찬보다는 아이의 선한 의도와 태도, 노력을 칭찬하는 것이 중요합니다.

둘. 과정과 태도를 칭찬해주세요

칭찬은 어떤 일을 시작할 수 있는 동기를 부여해줍니다. 칭찬을 받으면 기분이 좋아지지요. 그리고 칭찬 받은 행동을 계속하게 됩니다. 문제는 칭찬이 목적이 된다면 칭찬을 받지 않으면 그 행동도 사라지게 된다는 것입니다.

태도와 동기를 칭찬하기보다 아이의 능력을 칭찬하게 되면, 아이는 더욱 우월함을 느끼게 마련입니다. 하지만 문제는 그 우월함을 지키기 위해서 도전하지 않고 포기하는 경향이 생긴다는 것이지요. 즉, 칭찬 받을 만한 것에만 도전하는 것이지요. 《마인드셋》의 저자 캐럴 드웩(Carol Dweck)에 의하면 머리가 좋다고 칭찬 받은 아이들 중 67%의 아이들이 쉬운 문제를 풀겠다고 선택했고, 노력한 과정에 대해 칭찬을 받은 아이들은 92%가 어려운 문제를 선택했다고 합니다.

무언가를 잘했을 때마다 칭찬을 하면, 아이가 존재 자체로 인정 받는다고 생각하기보다 부모나 사회가 제시하는 조건에 맞아야 자신이 인정 받는다고 생각하게 됩니다. 그래서 그 조건과 기준에 부합하지 않으면 불안해하는 것이지요.

신체적으로 덜 발달된 유아기 때는 칭찬으로 행동을 강화하면서 사회성을 길러줍니다. 하지만 사춘기 아이에게는 칭찬과 함께 과정과 결과 속에서 아이의 노력과 태도를 발견해주는 것이 좋습니다. 그 태도가 부모나 사회에 어떤 영향을 미치는지 전달해준다면 아이 스스로 동기부여가 될 것입니다. 또한 더욱 자신을 신뢰하고 어려운 상황이 닥쳤을 때 부모가 해주던 말을 스스로에게 할 수 있게 됩니다.

셋. 아이에게 고맙다고 말해보세요

아이에게 고맙다고 말하는 것은 그 행동에 담긴 선한 의도와 태도를 알아차려주는 것입니다. 그 행동이 당연한 것은 아니라는 이야기지요. 부모가 원하는 만큼이 아니라고 하더라도 말입니다. 아이는 부모의 기대를 채워주는 존재가 아닙니다. 아이 스스로 자신의 삶을 잘살아야 하는 존재입니다.

고맙다고 말하는 것은 아이에게 성취도 점수를 매기는 것이 아닙니다. 아이의 태도와 과정, 행동에 대해 고맙다고 말한다면 아이는 자신이 부모에게 기여했다는 것을 알게 되며, 스스로 만족감을 느끼게 됩니다. 특별히 대단한 무언가를 하지 않아도 마음과 태도만으로도 기여할 수 있다는 것을 알게 됩니다. 성과나 결과가 아니라 과정과 태도, 선한 마음에 대해 충분히 고맙다고 말해야 합니다. 그렇게 아이가 어른에게 도움을 줄 수 있는 존재라고 느낀다면, 긍정적인 자아상을 갖는 데 도움을 줍니다.

05

아이의 행동 하나하나가 의심스러워요

아이에게 사과하는 건 지는 게 아니에요

보민 씨가 설거지를 하다 거실 소파에 앉아 있는 아이를 보니 휴대폰을 들고 있습니다. 또 게임하나 보다 싶어서 한 마디 던집니다.

"너, 또 게임하지?"
"학원쌤한테 문자 와서 숙제 확인하고 있었거든."

진짜인가 싶어 의심스럽기도 하지만 겸연쩍어집니다. 이에 질세라 "진짜야?" 하면서 아이에게 한 번 더 묻습니다. 아이는 입을 삐죽거리더니 자기 방으로 들어가 버립니다. 엄마도 나름 할 말을 한 것 같은데 무엇이 문제일까요?

✷ 이렇게 해보세요

하나. 의심한 것에 대해 솔직하게 사과해보세요

엄마는 아이가 무엇을 하는지 확실히 파악하지 않고 게임을 한다고 확신했습니다. 물론 엄마도 이유가 있겠지요. 여러 번 비슷한 일이 있었기에 그랬을 것입니다. 그러나 예민한 청소년기 아이에게는 자신의 행동을 단정 짓고 추측하는 것은 비난으로 들리기 쉽습니다. 아이가 게임을 하는 것 같지만 직접 본 것이 아니니 조심스럽게 물어볼 수 있습니다.

"혹시 지금 게임하는 거니?"

"소영아, 지금 뭐하는 중이야?"

아이가 자신의 행동에 대해 직접 말할 수 있는 기회를 줬다면 아이의 반응은 조금 달라졌을지도 모릅니다. 만약 아이가 게임을 한 것이 아니었다면 아이에게 사과해야 합니다. 내심 게임하다가 걸린 것 같다는 생각이 들어도 아이가 아니라고 하면 믿어주는 것으로 마음을 실어보세요. 아이의 말을 믿어주는 태도는 '엄마는 너를 믿어'라고 백 번 말하는 것보다 좋습니다. 그리고 "진짜야?"라며 의심한 것에도 사과해보세요.

"엄마가 확인도 안 하고 의심해서 미안해."
"엄마가 착각했네. 사과할게. 내일 시험인데 게임하는 것처럼 보였나봐. 확인도 하지 않고 말하면 안 되는건데. 소영이 억울했겠다."

엄마의 말과 행동을 언급하며 사과하고 아이의 마음이 어땠을지 공감하는 것이 좋습니다. 물론 이렇게 말한다고 드라마처럼 아이가 "엄마 아니에요. 나도 사실 시험이 신경 쓰였어요. 엄마 말이 다 틀린 건 아니에요" 하는 상황이 생기는 것은 아닙니다. 다만, 방 문을 '쾅' 닫으며 마음의 문이 닫히는 상황까지는 안 가게 될 것입니다.

둘. 부모의 서툰 사과가 더 큰 오해를 불러요

사과해야 할 상황, 말과 행동에 대한 이해가 부족하면 오해를 불러올 수 있습니다.

"이런 게 뭐가 기분 나빠? 엄마 어렸을 때는 할아버지가 어땠는 줄 알아?"

부모가 이렇게 말하는 이유는 자신의 성장 시절과 비교하며 아이 상황에 공감하지 못하기 때문입니다. 또는 부모는 사과를 하면 아이에게 지는 것이라고 생각하거나, 부모가 아이에게 사과하면 안 된다는 잘못된 신념으로 상황을 더 꼬이게 합니다. 그러다보니 사과해야 할 상황에서 오히려 아이에게 반격하거나 책임을 전가합니다.

"네가 애초에 잘했으면 엄마가 그렇게 말했겠니? 네

가 만날 휴대폰만 보고 있는 걸 한두 번 봤어야지."

부모 말이 맞다는 것을 입증하기 위해 옛날 일까지 들먹이며 변명합니다. "오해해서 미안해." 한 마디면 될 일입니다. 또한, 나름 부모는 사과를 한다고 했지만 아이는 부모가 자신에게 사과했다고 생각하지 않을 수 있습니다.

어느 날, 수민 씨는 조금 늦게 귀가한 아이에게 큰 소리로 야단을 쳤습니다. 그런데 알고보니 아이가 아픈 친구를 집에 데려다 주고 오느라 늦은 것이었습니다. 아이의 말을 듣고는 수민 씨는 미안해졌지요.

다음 날 아이에게 용돈을 주며 그 친구랑 맛있는 거 사 먹으라고 말합니다. 나름 엄마의 사과법이지만, 상처받은 아이의 마음을 공감해주지 않는다면 아이는 공허할 뿐입니다. 용돈은 받았지만 엄마의 마음은 받지 못했으니까요.

아이에게 부모의 잘못을 인정하고 사과를 하며 용서를 구하는 것은 쉬운 일이 아닙니다. 부모로서 아이에게 든든한 존재가 되어야 한다는 완벽주의가 있다면 더욱 그렇지요. 내가 완벽하게 행동하고 결점이 없어야 한다는 생각은 사과를 할 때 장애물이 되곤 하지요.

부모의 완벽주의로 인해 아이와의 관계에서 어려움을 겪게 됩니다. 완벽하지 않은 부모라고 생각하니 괴로울 테고요. 아이가 나를 어떻게 볼까 하는 마음에 밤잠을 설치기도 합니다.

그렇게 기를 쓰고 완벽한 부모가 되기 위해 전력을 다하다보면, 나만큼 노력하지 않는 배우자나 아이의 모습이 눈에 차지 않아 그들을 더욱 비난하게 됩니다.

셋. 부모가 완벽하지 않다는 걸 알려주세요

아이에게 사과한다는 것은 부모 역시 불완전한 존재라는 것을 알려주는 것입니다. 또한 부모도 도움이 필요한 존재라고 말하는 것과 같습니다. 모든 인간은 불완전합니다. 그래서 서로 연대하며 살아가야 하는 것이지요. 부모와 아이의 관계도 마찬가지입니다. 부모는 일방적으로 주어야 하고 아이는 무조건 받아야 하는 관계가 아닙니다. 개별성을 인정함으로써 더 온전해질 수 있습니다.

한편으로 부모의 불완전성이 아이에게 불안을 주는 것은 아닐까 염려하기도 하지만, 오히려 이것을 통해 아이는 부모에게 도움을 줄 수 있는 존재라는 것을 깨닫게 됩니다. 그럼으로써 타인의 연약함을 보듬을 수 있게 됩니다.

아이도 친구들과 선생님 등 많은 사회적 관계에서 원하든 원하지 않든 잘못된 말과 행동을 할 수 있습니다. 그렇다고 누구나 쉽게 사과를 하는 것은 아니지요. 부모가 용기 있게 자신의 단점을 드러내고 아이에게 사과할 때 아이도 부모처럼 용기를 내고, 부모가 했던 것처럼 가볍게 사과하게 됩니다.

사과는 패배가 아니라 나와 타인을 존중하는 법이라는 것을 깨닫게 됩니다. 부모의 사과는 아이가 사과하는 법을 배울 수 있는 가장 좋은 기회이기도 합니다. '사과는 이렇게 하는 거구나.' '미안함을 이렇게 표현하는구나.' '이렇게 사과하면 마음이 이렇구나.' 하고 직접 경험하게 됩니다. 사과는 가르치는 것이 아닙니다. 부모의 좋은 사과를 충분히 경험하게 해주세요.

check

아이에게 단계별로 사과하는 법

1 사과의 뜻을 먼저 알립니다. "엄마가 미안해. 사과하고 싶어, 소영아."

2 부모님은 자신이 무엇을 잘못했는지 구체적으로 말해주세요. "엄마가 다 잘못했다"가 아니라 "엄마가 친구들 앞에서 '네가 제일 키가 작네. 밥을 잘 안 먹어서 그래'라고 말한 거 있잖아"라고 구체적으로 언급합니다. 구체적으로 말과 행동을 언급할 때 아이는 '내가 상처받은 부분이 무엇인지 아시는구나' 생각하게 됩니다.

3 상처받은 아이의 마음을 공감해주세요. "네가 친구들 앞에서 많이 창피했지? 엄마가 헤아리지 못했어. 엄마 말 때문에 많이 서운했지?"

4 사과와 함께 잘못을 인정하세요. "엄마가 미안해. 농담으로라도 그런 말은 하면 안 되는데. 전적으로 엄마 실수야."

5 다음엔 같은 실수를 하지 않겠다고 말하세요. "이런 일이 생기지 않도록 조심할게."

6 용서를 구하세요. "엄마 용서해줄래?"

practice

사과의 말 연습해보기

아이의 귀가가 늦었습니다. "왜 이렇게 늦게 왔니!" 하고 큰소리로 말하자 아이는 "아픈 친구가 있어서 친구 엄마가 올 때까지 기다려주다 와서 늦었어요"라고 답합니다. 이 상황에 대해 사과의 말을 작성해봅니다.

06

말을 안 들으면 명령할 수밖에 없어요

(아이의 자율성은 부탁하기에서 나와요)

아래 문장에서 어떤 장면이 떠오르는지, 그리고 이 말을 내가 들었다면 어떤 감정일지 생각해보세요.

A

"지현아, 일어나. 빨리 씻어. 얼른 나와. 뛰어!"

"보고서 갖고와, 김대리."

"지원아, 빨리 주문해."

"좀 일찍 연락해."

B

"6시인데 일어나볼까, 얼른 씻어야 지각 안 할 것 같네. 엄마는 지금 기다리는 중. 우리 이제 뛰어야 될 것 같아."

"김대리 보고서는 어떻게 되어가고 있나요. 지금 볼 수 있나요?"

"우리 주문 먼저 하고 이야기할까?"

"다음엔 일찍 연락해줄 수 있어요?"

두 유형의 문장에서 다른 감정을 느꼈나요? 똑같은 상황인데 말하기를 조금 다르게 했더니 듣는 나의 마음이 조금 달라지던가요? 두 유형은 동일한 내용을 담고 있지만 말하는 방법이 다릅니다.

A그룹은 명령형의 문장입니다. 명령이란 사전적으로 "윗사람이나 상위 조직이 아랫사람이나 하위 조직에 무엇을 하게 함"을 뜻합니다. 명령하듯 말하는 사람이나 그런 상황을 떠올려보세요. 주로 어떤 상황에서 누가 누구

에게 명령을 할까요? 군대에서 상관이 부하에게, 사장님이 직원에게, 손님이 점원에게 어떤 행동을 요구할 때 쓰는 말입니다. 특히 힘 있는 사람이 힘 없는 사람에게 지시하는 것이 명령이지요. 명령은 즉각적인 행동을 요구합니다. 그렇다고 명령이 무조건 나쁘다고 할 수 없습니다.

예를 들어, 아이가 발을 헛디뎌 계단에서 넘어질 것 같으면 "조심해!" 하며 아이가 집중할 수 있도록 명령할 수 있습니다. 그런데 아이가 위험한 상황도 아니고, 긴급한 일도 아닌데 우리는 명령조로 말합니다.

"늦지마."

"일찍 와."

"지금 들어가서 기출문제 하나라도 더 들여다봐."

"지금 바로 연락해."

"엄마 좀 보자. 이리 와 앉아봐."

사소한 대화 중에 굳이 명령하지 않아도 될 듯한데 하루에도 몇 번씩 우리는 명령조로 말합니다. 아이가 말을 안 들으니 명령할 수밖에 없다고 할 수 있습니다. 소리 지르며 명령이라도 해야 말을 듣는다고 말이지요. 그러나 명령은 지속성이 낮습니다. 다음에도 아이가 내가 원하는 행동을 하게 하려면 이전보다 더 큰 목소리와 강압적인 말투를 써야 합니다. 명령의 부작용이 나타나기 시작한 것입니다. 명령으로 잠시 행동을 바꿀 수는 있어도 그 행동을 지속하게 하지는 못합니다. 부모가 바라는 것은 아이의 행동이 오래 유지되는 것입니다. 그럼 어떻게 하면 아이의 행동이 오래 지속될까요?

✷ 이렇게 해보세요

하나. 아이가 스스로 선택하게 하세요

아이의 마음이 바뀌면 행동도 바뀌고 오래 지속됩니다. 하지만 명령은 아이의 마음을 바꾸는 데 전혀 도움이 되지 않습니다. 불안과 위협감을 주지요. 불안과 위협감으로 잠시 행동을 바꾸게 해도 결국 원래 모습으로 돌아옵니다.

사람은 스스로 선택할 때 그것에 대한 책임을 지려는

의지가 더 강합니다.《죽음의 수용소에서》의 저자 빅터 프랭클(Viktor Emil Frankl)은 인간은 의미를 추구하고, 선택에의 의지가 있다고 말합니다. 우리 아이들은 자아가 발달하면서 더욱 자신이 선택하기를 바라지요.

사춘기 아이와 왜 이리 힘든 걸까요? 어렸을 때처럼 옷 입혀주면 그대로 입고 가지 않습니다. 한여름에도 자신이 원한다면 두꺼운 패딩이라도 입을 것입니다. 저항하고 고분고분하지 않기 때문이지요. 명령은 아이의 선택권을 빼앗습니다. 어떤 것이 더 나은지 생각하는 시간, 자신의 삶을 돌아보는 성찰의 시간까지 뺏습니다. "아침 7시까지는 일어나!"라고 명령하기보다 이렇게 말해보세요.

"어떻게 하면 아침에 널 깨우는 때 서로 스트레스 받지 않을까? 엄마도 아침에 쉽지 않거든. 네 생각은 어때?"

명령보다는 선택권을 주었을 때, 아이는 여러 상황을 고려하고 자신이 결정하여 답을 제시할 가능성이 높습니다.

둘. 지시보다 부탁을 해보세요

부모가 아이에게 부탁하게 되면, 아이는 부모가 원하는 것을 해야 하는 존재가 아닌, 스스로 삶의 문제를 선택하는 존재로 깨닫게 됩니다. 어렸을 때는 부모가 아이 대신 많은 부분을 해줄 수밖에 없습니다. 하지만 청소년기가 되면 아이에게 선택권을 돌려주어야 합니다. 그리고 부모가 아이에게 부탁함으로써 아이의 권리를 인정하고 존중하게 됩니다.

빅터 프랭클은《죽음의 수용소》에서 나치는 수용소에서 수용자들을 죽이거나 폭력을 행사하는 것뿐 아니라, 그들을 이름 대신 수용자 번호로 부르거나, 똑같은 옷을 입히며 자신을 표현하고 주장할 기회를 뺏는다고 말합니다. 자율성과 선택의 기회를 뺏는 것은 눈에 보이지 않는 폭력입니다. 우리는 아이를 사랑한다는 명분 아래 자율성을 뺏고 있는 것은 아닌지 돌아봐야 합니다.

셋. 아이가 선택했다면 기다려주세요

부탁은 명령보다 노력과 인내심이 필요합니다. 부탁한 것은 명령할 때만큼 아이가 재빠르게 행동을 하지 않습니다. 아이의 말을 끝까지 듣고 행동의 변화가 오기까지 시간을 견뎌야 합니다.

하지만 부모의 그 시간과 노력은 아이가 존중과 선택을 경험할 수 있게 하는 최고의 기회입니다. "너의 의견을 존중할 테니 말해." 하고서는 아이가 말할 때마다 "조용히 해." "그거 말고 다른 거 입어." 하고 명령한다면, 이미 아이를 존중하지 않는다는 것을 보여주는 것입니다.

"아이에게 부탁을 하면 부모의 말을 잘 듣나요?"라고 묻는 부모도 있습니다. 아이에게 부탁을 하는 이유는 부모의 말을 잘 듣게 하기 위해서가 아닙니다. 아이 스스로 결정할 수 있게 하기 위해서입니다. 그러니 아이가 어떤 것이든 스스로 선택하겠다는 의사를 표현했다면 아이에게 부탁한 효과가 있는 것입니다.

practice

부탁의 말 연습하기

1 아이에게 이렇게 물어보세요.

"엄마가 지우한테 하는 말을 생각나는 대로 얘기해줘."

그 말 속에 명령투가 있다면 부탁의 말로 바꿔서 이야기하겠다고 아이들에게 선언하세요. 혹시 엄마가 명령해야 하는 상황이 아닌데 명령했다면 "엄마, 부탁의 말로 해주세요"라고 말해 달라고 하세요.

2 엄마가 할 수 없이 명령할 때도 있다고 이해를 구하세요.

"지우가 위험하거나 긴급할 때, 큰 소리로 주의를 집중시켜야 할 때는 그럴 수 있어. 긴급한 상황은 서로 잘 구분해서 오해를 줄여보자."

3 나도 모르게 명령했다는 것을 알아차렸다면 바로 사과하세요.

"엄마가 아까 '동생한테 먼저 줘. 양보해' 하고 말 한 거 미안해. 너도 배고파서 빨리 앉은 건데 너에게만 양보하라고 했네. 지우야, 동생이 학원에 먼저 가야 하니, 샌드위치 먼저 먹게 해도 될까?"

07

화가 난 아이 태도에 더 화가 나요

(공감은 아이의 마음으로 가는 다리예요)

"엄마, 우리 담임 완전 돌아이야."

학교에서 돌아온 아이가 가방을 던지면서 흥분한 목소리로 이렇게 말한다면 뭐라고 답해야 할까요?

1. "그런 소리 하는 거 아니야! 학생이 선생님한테 무슨 말버릇이야?"

2. "엄마 학교 다닐 땐 더 심한 선생님이 있었어. 그건 아무것도 아니야."
3. "너희 담임 그럴 것 같더라. 엄마도 촉이 왔어."
4. "학원 다녀왔어?"
5. "가방은 왜 던져? 네가 그런 식으로 하니까 담임 선생님이 좋아하시겠니?"

1번: 아이가 화가 난 것은 알겠지만, 화 내는 태도나 말이 부적절하다는 것을 부모가 알려주고 싶을 때의 반응입니다. 그러다보니 화 난 아이 마음보다 아이의 말버릇을 고치는 데 집중하게 됩니다. 이 말을 들은 아이는 마음이 어떨까요? 아마 '엄마는 화 난 내 마음보다 선생님이 더 중요하구나.' 하고 생각하지 않을까요?

2번: 아이의 고통을 아무것도 아닌 것처럼 말한 경우입니다. 부모 역시 학창시절에 그런 일을 한두 번은 겪어보았던 것 같습니다. 하지만 지금 생각해보면 대수롭지 않은 일입니다. 이미 세월이 지났으니 그렇게 느끼는 것이겠지요. 하지만 나는 괜찮아도 내 아이는 그렇지 않을 수 있습니다. 이 말을 들은 아이는 더 이상 말을 더 꺼내기 어려워지지 않을까요?

3번: 아이 편을 들어주고 싶거나 정말 그렇게 생각한 부모의 반응일 것입니다. 이렇게 말하면 아이는 '엄마는 내 편'이라 생각하고 위로가 될 수 있습니다. 아무것도 묻지도 않고 따지지도 않고 편을 들어주는 것도 상황에 따라 필요하지만 아이의 부적절한 언행이 적절하다고 하는 것은 조심스럽게 접근해야 합니다.

4번: 이 말을 들은 아이 마음은 어떨까요? 화난 내 마음보다 학원이 더 중요한 부모에게 서운하고 더 화가 날 것입니다.

5번: 화 난 아이의 마음보다 화를 내는 아이의 태도에 더 관심을 둔 경우입니다. 화가 날 때는 자기 자신을 통제하기 어렵습니다. 화가 나고 상처받은 마음보다 태도에 더 집중을 한다면 아이는 더 이상 자기 마음을 표현하는 것을 멈추게 될 것입니다.

부모도 평소에 화 난 감정을 어떻게 해야 할지 모를 때가 많습니다. 마치 뜨거운 감자를 손에 들고 있는 것처럼 어찌할 바를 몰라 허둥대고 고통스럽습니다. 아이들도 마찬가지입니다. 뜨거운 감자를 가슴에 가득 안고 돌아왔는데 얼른 감자를 받아주기는커녕 감자를 왜 그런 식으로 갖고 왔냐며 다른 데에만 관심을 가진다면 아이는 슬플 것입니다.

어렵게 자기 감정을 꺼낸 아이를 우리가 잘 마주하지 못한다면, 아이 마음 근처도 가지 못하는 슬픈 일이 벌어집니다. 아이가 분노와 억울함, 피곤함 등 불편한 감정을 표현할 때, 그 감정이 나쁘니 없애려 한다면 아이는 그 감정에 대해 배우고 그 감정을 소화할 수 있는 기회를 빼앗기게 됩니다.

✷ 이렇게 해보세요

하나. 아이의 표현 방법과 감정 자체를 분리하세요

아이의 불편한 감정이 좋지 않은 것이라고 생각하지 마세요. 감정을 표현하는 법이 잘못된 것이지 감정 자체가 나쁜 것은 아닙니다. 친구가 미워질 수 있어요. 그것은 나쁜 것이 아니라 자연스러운 일입니다. 그러나 친구가 밉다고 친구를 왕따시키는 것은 잘못된 일입니다. 우리가 경계해야 할 것은 아이가 부정적인 감정을 느끼지 않게 하는 것이 아닙니다. 아이가 살면서 느끼는 다양한 감정을 잘 표현할 수 있게 도와줘야 합니다.

둘. "무슨 일 있었니?"라고 물어봐주세요

아이가 누군가를 탓하거나 안 좋게 이야기할 수 있습니다. 그때는 따지듯이 "누구 때문에 그래?" "네가 잘못한 거야?" 하며 추궁하기보다 아이가 겪은 상황을 이야기할 수 있도록 물어봐주는 것이 필요합니다. 아이가 속마음을 말할 수 있게 잘 들어주세요.

셋. 감정이름표를 붙여주세요

화가 난 아이는 자신의 감정을 표현하기보다 사건에 대한 비난을 하게 됩니다. 그 아이의 감정은 어떤 것일까 생각해본 후 그 감정을 읽어주세요.

"선생님한테 서운했었구나."
"많이 당황스러웠겠다."

자신이 어떤 감정인지 모르고 있는데, 엄마가 자신의 감정을 알아차려줄 때 '아, 내가 당황했구나' '내가 힘들었구나' 하며 아이는 자신의 마음과 연결됩니다.

넷. 감정 뒤에 숨은 욕구를 발견해주세요

화 난 감정은 뜻대로 되지 않거나 존중받지 못했다고 느꼈을 때 일어납니다. 감정을 알아차려준 후 아이가 무엇이 충족되지 못해 그런 것인지 발견해주세요.

"선생님이 모든 애들에게 공정하길 바랐구나. 기회가 모두에게 돌아가길 바랐던 거니?"

아이가 화를 낸다면, 부모로서는 아이의 화 뒤에 숨은 욕구가 무엇인지 발견하여, 그것을 잘 표현할 수 있게 지도할 수 있는 좋은 기회입니다. 아이의 감정을 먼저 공감해줄 때 아이의 마음으로 가는 길로 들어설 수 있습니다.

08

아이가 엄마와 대화를 싫어해요

아이들은 대화를 싫어하지 않아요

안방에 있던 승연 씨에게 카톡이 옵니다. 옆방에 있는 아들입니다.

"엄마, 나 내일 일찍 깨워줘."

옆방에 있으니 안방으로 와서 이야기하면 될 것을 툭하면 카톡으로 말합니다. 부모와 대화하는 게 싫은 것인지 걱정도 되고 한편으로는 서운합니다. '우리 때는 안 그랬는데' 하면서 버르장머리 없는 것 같기도 하지만, 잘못 말하면 꼰대가 될 것 같아 참습니다.

하지만 아이들은 대화를 싫어하지 않습니다. 부모와 대화하다보면 자신이 밝히고 싶지 않은 것을 말해야 할 때가 생기니 원천봉쇄하려는 의미도 있습니다. 또는 엄마가 아이에게 너무 캐물으면 대답해야 하고, 말을 안 하면 추궁 당하니, 아예 그런 자리를 만들고 싶지 않은 것입니다. 아이와 긍정적인 대화 경험, 어떻게 말해야 할까요?

✷ 이렇게 해보세요

하나. 대답을 원치 않으면 인정해주세요

상대가 원하는 것을 이해하고 존중하는 것도 대화입니다. 아이가 침묵한다는 것은 '오늘은 혼자만의 시간이 필요해요. 지금은 말하고 싶지 않아요'의 다른 표현입니다. 부모는 아이의 침묵을, 자신의 경계를 지키려는 의사를 존중해야 합니다. 아이가 대화를 원하는 그때가 대화하기 가장 좋은 때입니다. 이렇게 말해보세요.

"엄마는 네 생각을 존중해. 네가 말하고 싶을 때 말해도 괜찮아."

둘. 표현할 수 있는 만큼만 표현하게 해주세요

아이가 원하는 만큼 자기 감정을 드러내고 표현하려면 부모와 편안한 분위기가 필요합니다. 아이는 안정감을 느낄 때 자신을 더 드러내고 싶어합니다. 아이가 학원 다니느라 바쁘다보니 오랜만에 아이를 마주하게 됩니다. 부모는 이참에 이것저것 물어봐야겠다고 생각합니다.

하지만 그런 조급함이 올라와도 천천히 대화를 시작해야 합니다. 아이가 중간에 말하기 불편해 한다고 핀잔을 준다면 아이의 마음은 더 닫히겠지요.

"넌 엄마랑 대화하는 게 그렇게 싫으니? 친구랑은 말도 잘하더만."

그 대신 이렇게 말해보세요.

"오랜만에 너랑 대화하니까 너무 행복하다. 괜찮으면 조금 더 얘기해줄 수 있어?"

셋. 전화보다 톡이 더 편한 아이들

콜포비아(call phobia)라는 말이 있습니다. 전화통화가 두려워 식은 땀이 나는 증상을 말합니다. 특히 10대와 20대가 콜포비아를 많이 경험한다고 합니다. 타인의 표정과 목소리를 알아차리는 것이 쉬운 일은 아니지요. 즉각적으로 그 자리에서 말을 해야하니 긴장이 되기도 하고요.

그에 비해 카톡은 내가 하고 싶은 말을 몇 번이고 고칠 수도 있고 타인의 얼굴을 보면서 말하지 않아도 되니 불편하지도 않습니다. 타인의 얼굴을 보면서 거절하기 어려운 이유가 거기에 있습니다. 비대면 대화에 익숙해지다보면 만나서 대화하는 것이 버겁고 부담스러워집니다. 이런 이유로 청소년들은 더욱 비대면으로 대화하기를 선호합니다.

부모 세대와 다르다고 버릇없다고만 할 것이 아니라 우리 아이가 비대면을 선호하는 이유를 이해하고 균형

감을 갖고 대화하는 것이 필요합니다.

넷. 아이가 가까워지는 카톡대화

1. 자주 짧게 톡으로 소통을 하세요.

"이번 주도 우리 힘내자."
"오늘 엄마 마음 알아줘서 고마워."

소소한 응원과 감사의 이야기를 톡으로 보내세요. 반응이 없어도 서운해하지 마세요. '1'이 없어졌다면 확인했다는 거니까요. 마음을 전하고 싶어 톡을 보내는 것이지, 감동적인 장문의 톡을 받으려고 한 게 아니잖아요.

2. 아이에게 하고 싶은 말이 담긴 사진, 동영상, 글귀를 보낼 때는 이유도 함께 보내세요. 왜 보냈는지 설명이 없으면 아무 의미가 없고, 이유를 모르면 시간 내서 볼 확률이 적어집니다.

"지하철에서 본 시야. 지윤이 생각이 났어. 힘 내!"

3. 아이가 답을 하면 고맙다고 말해주세요.

"용돈 필요해서 연락했냐?"
"네가 웬일이니?"

이런 핀잔은 아이가 무안해집니다.

"용돈 이야기지만 엄마한테 톡 남겨줘서 고마워."
"답해주니 고마워."

4. 규칙을 정해두세요. 예를 들어, 사과하기, 부탁하기, 고맙다고 말하기 등은 얼굴을 보며 이야기하는 것을 원칙으로 하세요. 카톡으로 사과를 했어도 다시 얼굴을 보고 이야기할 때 나의 진심을 전할 수 있고 상대방의 마음을 공감할 수 있습니다. 우리 삶에서 중요한 상황은 꼭 만나서 다시 한 번 전하는 것을 가정 내 소통 규칙으로 정하세요.

09

아이에게 "안 돼"라는 말을 너무 많이 하게 돼요

'안 돼'의 경계를 알려주세요

엄마 아빠는 차츰 아이를 현실에, 또 현실을 아이에게 소개합니다. 그 방법 중 하나가 금지입니다. "안 돼"라고 말하는 것이 '방법 중 하나'라고 하니 반가우시겠지요? 금지는 두 가지 방법 중 하나입니다. "안 돼"라고 말하는 것의 기초는 "그래"입니다.

_도널드 위니코트, 《충분히 좋은 엄마》 중에서

청소년기에는 아이가 학교와 학원 등 부모가 볼 수 없는 공간에 더 많이 머물게 됩니다. 부모 입장에서는 제대로 공부는 하는 건지, 무슨 일이 생긴 건 아닌지 아이가 집에 올 때까지 안심이 되지 않습니다. 그러다보니 아이에게 꼬치꼬치 묻는 일도 많아집니다.

"그런 데 가지 마."
"안 돼. 그 친구 만나지 마."
"그만해."

아이의 일상에서 위험요소를 제거하기 위해 허용보다는 금지를 더 많이 외치게 됩니다. 동화 〈라푼젤〉의 주인공 라푼젤은 마녀의 탑에 갇혀 성장합니다. 마녀가 엄마처럼 잘 키우겠다면서 친부모에게서 라푼젤을 데려갔는데, 키우는 곳이 탑이라니! 그런데 한편으로는 이해가 되기도 합니다. 탑은 그 어느 곳보다 안전하기 때문입니다.

탑에는 없는 것이 있습니다. 바로 문입니다. 탑에는 창문만 있지요. 문은 외부세계를 경험하고 소통할 수 있게 해주지만, 창문으로는 외부세계를 바라볼 수는 있어도 경험할 수는 없습니다. 창문으로 비가 오는 것은 볼 수 있지만 비에 젖을 수는 없습니다. 창문으로 사람들의 대화 소리를 들을 수 있지만, 직접 만나 온기를 나누며 이야기 나눌 수는 없습니다. 요즘 아이들은 탑에 갇힌 라푼젤 같습니다. 아이들에게 우리는 이렇게 말합니다.

"친구들도 사귀어야지. 근데 너무 친구한테 빠지지는 마."

충분히 경험하지는 말 것. 살짝 느끼기만 할 것. 우리 역시 마녀처럼 아이들을 '안 돼'라는 탑에 가두어 키우고 있는 것은 아닐까요?

✷ 이렇게 해보세요

하나. '그래'라는 성으로의 초대

남한산성을 생각해보세요. 성안에서는 다양한 사람

들이 어울려 삽니다. 수시로 성 밖으로 나가 경험할 수도 있습니다. 또한 성벽으로 둘러싸여 있어 성의 안과 밖을 구분하는 경계가 있습니다. 경계를 넘어가면 위험을 감수해야 합니다.

부모라는 성안에서 아이가 자란다고 생각해보세요. 들끓는 호기심, 금지에 대한 유혹을 느끼며 세상을 경험하는 아이가 보호받고 안전하기 위해서는 안 된다는 것을 이해하는 것이 중요합니다. 사사건건 일이 생길 때마다 안 된다고 하면 아이는 '안 돼'라는 지뢰밭에 사는 느낌일 것입니다. 부모의 금지를 아이가 이해하기 위해서는 부모의 '그래'라는 성에서 충분히 자율성을 느껴야 합니다. 내게 자율성이 있다고 느낄 때 '안 돼'라는 경계를 받아들이게 됩니다.

둘. '안 돼' 목록 작성하기

허용과 자율성을 느끼도록 키우되 '안 돼'라는 경계를 아이에게 알려주고 아이를 보호해야 합니다. 그러기 위해서는 '안 돼'의 경계를 알려주는 대화의 시간이 필요합니다.

1. ‘안 돼’ 목록을 작성해보세요. 부모 스스로 생각해보는 시간을 가집니다. 아이에게 이것만큼은 결코 허락할 수 없는 것을 생각해보세요. 그것이 아이의 안전과 성장, 행복에 필요한 요소인지 확인 후 이유를 작성해봅니다. 그리고 작성한 ‘안 돼’ 목록 중에서 가장 중요한 3가지를 선정합니다.

2. 아이에게 대화하고 싶다고 전합니다.

“엄마 아빠가 지민이한테 중요한 얘기를 해야 하는데 언제가 좋니? 1시간 정도 걸릴 거야. 지민이가 여유 있게 들을 수 있는 시간을 알려줘.”

무작정 아이에게 대화하자고 불러내기보다 아이가 대화하고 싶은 시간을 정할 수 있게 해주세요. 대화 자체도 중요하지만 대화를 위해 아이의 이름을 부드럽게 부르는 것, 서로 합의하며 대화 시간과 장소를 정하는 것도 대화에 포함됩니다.

3. 자리가 만들어지면 아이의 마음을 공감하고 대화 시간을 갖게 된 이유를 말합니다.

"대화하자고 하니까 궁금하기도 하고 놀랐을 것 같은데?"
"엄마 아빠가 오늘 지민하고 대화 시간을 갖자고 한 이유는 요즘 지민에게 안 된다는 말을 너무 많이 한 것 같아서야. 지민이도 그런 이야기 들으면 마음이 안 좋잖아. 원하는 대로 하고 싶은 일도 많고. 그렇지? 그래서 엄마 아빠가 생각해봤어. 지민이를 보호하면서도 행복할 수 있는 '안 돼' 목록을 정해서 알려주고, 나머지는 웬만하면 수락해주려고. 지민이 생각은 어떻니?"

아이의 이야기를 듣고 공감하고 인정할 점이 있다면 인정하고 사과합니다. 그리고 '안 돼' 목록을 말합니다. 단 '안 돼' 목록만 읽는 것이 아니라 왜 안 되는지 이유를 설명하고, 아이가 왜 지켜줘야 하는지 전합니다.

"첫 번째 '안 돼'는 전화 안 받는 거야. 엄마 아빠는 지민이가 안전하게 있는 것이 중요해. 네가 전화를 안 받으면 너무 걱정되고 염려가 돼서 머리가 하얘진다니까. 9시까지 들어오기로 했는데 9시 반에 들어올 수는 있어. 하지만 약속을 못 지키는 상황이 되면 '늦는데 지금 들어가고 있다' '친구랑 더 있고 싶다'고 전화해서 지민이가 안전하다는 것을 알려줘야 해. 그래서 전화 안 받는 것은 금지야. 이건 꼭 지켜줘."

4. '안 돼' 목록을 전하고 아이의 의견을 듣습니다. 지켜지지 않을 경우 사과하는 것, 그러지 않기 위해 어떻게 할 것인지의 방법도 나눠봅니다. 아이의 이유도 듣고, 약속을 지킬 수 있는 범위로 서로 합의하고 수정할 수 있습니다.

5. '안 돼' 목록에 대한 대화를 마친 후 감사와 부탁의 말을 전합니다.

10

아이가 슬퍼할 때 어떻게 달래줘야 하나요?

슬픈 감정은 누구에게나 필요해요

"나영이가 나랑 말 안 할 거래."

유진 씨의 아이가 갑자기 집에 와서 웁니다. 얼굴을 파묻고 우는 모습을 보니 마음이 무너집니다. 부모가 대신 슬퍼하거나 아파해줄 수도 없습니다. 눈물을 뚝뚝 흘리는 모습을 보니 가슴이 아프긴 한데 한편으로 '이런 일로 나약하게 울면 안 되는데….' 걱정이 앞서기도 합니다. 아이가 슬퍼할 때 어떻게 해야 할지 혼란스럽습니다.

우리 아이들은 언제 슬플까요? 반려동물을 길에서 잃어버리거나 오랫동안 친했던 친구와 헤어질 때, 자신의 삶이 담긴 일기장을 잃어버렸을 때, 또는 믿었던 친구가 배신했다고 느낄 때 등 셀 수 없이 많을 것입니다. 이처럼 슬픔이란 아끼던 존재나 나에게 가치 있다고 생각하는 물건, 사회적 지위나 자유 등을 상실할 때 느끼는 감정입니다.

슬픔은 고통을 수반합니다. 너무 고통스러워서 때로는 밥을 먹지도 못하고 침대에서 일어날 힘도 없습니다. 살면서 슬픔을 많이 마주해본 부모는 아이가 슬픔에 힘겨워하면 같은 고통을 느낍니다. 슬픔을 대신해주고 싶지만 그럴 수 없으니 더욱 안타깝지요.

하지만 슬픔은 우리 삶에 필요합니다. 우리가 즐겨보는 드라마나 영화, 소설을 떠올려보세요. 마냥 행복한 이야기만 있지 않습니다. 슬픔과 고통을 겪는 주인공의 이야기가 반드시 나옵니다. 그런 장면은 결코 빠지지 않습니다. 인생에서 슬픔을 맞는 것은 너무 자연스러운 일이기 때문이지요. 생각해보세요. 슬픔과 고통을 겪던 주인공이 행복한 결말을 맞이한다면 얼마나 기쁠까요? 고통과 절망이 없었다면 다시 찾아온 희망이 그렇게 반갑지는 않을 것입니다. 슬픔 없이는 행복을 온전하게 느낄 수 없습니다.

슬픔은 공감의 힘을 줍니다

1. 타인을 공감할 수 있는 힘을 갖게 합니다

슬픔의 고통을 겪어보면 그제야 슬픔이 무엇인지 이해하게 됩니다. 아이가 반려동물을 잃어버린 경험이 있다면, 반려동물을 잃어버린 친구의 슬픔을 더 깊이 공감하고 위로하게 됩니다. 위로한다는 것은 슬픔을 이해한다는 것입니다. 아이가 슬픔을 경험해보면 다른 친구가 슬퍼할 때 함부로 "힘내라"는 말을 하는 것이 쉽지 않다는 것을 알게 됩니다. 같은 슬픔을 경험한 친구에게 자연스럽게 마음을 열고 위로하고 싶어지지요. 슬픔으로 아이가 한층 성숙해지는 것이지요.

2. 돌봄과 공감의 경험을 줍니다

우리는 누군가가 슬픔에 빠지면 금방 알아차릴 수 있습니다. 슬픔이란 그만큼 남다른 감정이기 때문입니다. 아이가 슬픔에 빠졌다는 것을 친구나 교사가 알아차리면 도와주고 위로해주려고 합니다.

"괜찮아?"
"내가 같이 가줄까?"

자신을 공감해주는 친구에게 지금까지 느끼지 못했던 돌봄의 감정을 경험합니다. 누군가에게 돌봄을 받는 경험은 자신도 누군가가 슬픔에 빠지면 도와줘야겠다는 생각을 하게 합니다.

3. 슬픔은 성찰하게 합니다

슬픔은 고통스러운 감정입니다. 그러나 인간에게 고통은 성찰과 배움을 줍니다. 아이가 반려동물을 잃어버린 후 슬픔에 빠지지만, 한편으로 생각합니다.

'내가 왜 잃어버렸을까? 이런 일이 또 생기지 않으려

면 어떻게 해야 하지?'

상실의 순간을 돌아보며 다음에 같은 슬픔을 마주하지 않기 위한 해결책을 찾게 됩니다. 아이가 고통을 통해 자라나는 순간입니다.

✷ 이렇게 해보세요

하나. 무조건 울지 말라고 하지 마세요

눈물은 슬픔을 잘 이겨내는 방법이기도 합니다. 물론 식음을 전폐하고 몸이 상하도록 우는 것은 건강을 해치는 일이니, 그럴 땐 자기 자신을 돌보도록 도와야겠지요. 안전하게 울 수 있도록, 편안히 울 수 있도록 함께 있어주세요. 위로의 말보다 충분히 울 수 있도록 해주세요.

둘. 도울 것은 없는지 살펴주세요

"어때, 많이 힘들어보이는데… 괜찮니?"

"엄마가 도와줄 건 없어?"

울음이 좀 잦아들면 괜찮은지 물어보세요. 왜 울었는지, 무슨 일인지 궁금하겠지만 우선 아이가 괜찮은지 물어보세요.

셋. 말할 때까지 기다려주세요

"엄마한테 무슨 일이 있었는지 말해줄 수 있어?"

다그치기보다는 아이가 자신의 슬픔을 말할 수 있도록 기다려주세요. 아이가 말할 수 있는 상태인지 확인하고 아이가 말하고 싶을 때 말하도록 해주세요.

넷. 비슷한 경험을 이야기해주세요

"엄마도 비슷한 경험이 있는데 들어볼래?"

부모가 비슷한 경험이 있다면 이야기를 해줘도 되는

지 물어보세요. 아이가 듣고 싶다면 이야기를 해주세요. 부모도 비슷한 경험이 있다고 느끼면 자신만의 일이 아니라는 것을 알고 조금은 위로가 됩니다.

다섯. 아이의 일상을 잘 돌봐주세요

슬픔이라는 감정은 무언가 열심히 하고자 하는 마음을 잠시 멈추게 합니다. 아무렇지 않던 일상도 버거워지기도 합니다. 아이의 일상이 무너지지 않도록 잘 관찰하고 살펴주세요. 슬픔은 고통스럽지만 고통은 아이를 성장시킵니다. 아이가 인생에서 숱하게 맞이할 상실과 슬픔의 순간을 대신해주지 마세요. 홀로 슬픔을 겪게 하지 말고 그 순간에 곁에서 위로와 공감으로 함께 해주세요.

Part 02

아이의 말 잘 듣는 법

01

아이에게 뽀뽀했더니 기겁해요

아이를 바꾸는 범인은 호르몬이에요

"아들 왔어? 공부하느라 고생했지?"(뽀뽀 쪽~.)

"아, 뭐야!"

"뭐야가 뭐야? 아들 사랑해서 뽀뽀하는 건데."

"내가 애도 아니고, 하지 마."

"네가 애가 아니면 뭐야~. 엄마 눈에는 항상 앤데. 옛날엔 먼저 뽀뽀도 해주더니 엄마 섭섭하네?"

윤정 씨는 부모와 아이 관계에서 스킨십이 정말 중요하다고 배웠는데, 아이에게 뽀뽀 한 번 할라치면 난리가 납니다. 안아보자고 하면 휙 하고 가버리는 아들이 서운하기만 하죠. 아들이라 그런가 싶기도 합니다. 이젠 아들과 스킨십은 끝인 것인지 자식은 평생 어려운 존재인가 싶습니다. 사춘기의 자연스러운 변화구나 싶지만 이게 언제 끝나는지 이렇게 둬도 되는 것인지 궁금합니다.

갑자기 부모와의 스킨십을 꺼리는 아이. 이유가 있습니다. 아이들은 급격하게 성장하는 시기를 두 번 겪습니다. 첫 번째는 생후부터 돌까지 1년이며, 두 번째는 신체 발육 급증기라 불리는 사춘기인 2차 성징기입니다. 이때는 겉으로 보일 만큼 신체 발육이 급변합니다. 요즘은 생활 수준이 높아지면서 균형 있는 식사와 영양 섭취, 심리적인 보살핌 등으로 사춘기 아이들의 신체 발달이 더 빨라지고 있습니다.

사춘기는 부모에게 물려받은 유전적 요인에 따라 차이는 있지만 평균적으로 여자아이는 11.5세부터 급격하게 성장하고, 남자아이는 여자아이에 비해 대략 2년 정도 늦습니다. 그렇게 약 4년 정도 변화가 지속되고 16~18세 정도면 골반의 성장이 멈추고 성인의 키에 도달하게 됩니다.

아이들은 내 몸이 낯설어요

아이들은 사춘기가 되면 자신의 몸의 변화가 낯설고 부끄럽기만 합니다. 이제 겨우 사춘기일 뿐인데 엄마, 아빠와 비슷해져가는 몸을 보면 어른이 된 것 같은 기분도 들지요. 아이 몸의 변화를 일으키는 것은 바로 호르몬입니다. 우리 뇌의 시상하부와 뇌하수체에서는 성장호르몬을 분비하고, 정소와 난소에서는 테스토스테론과 에스트로겐과 같은 성호르몬을 분비합니다.

그 덕에 사춘기 여자아이는 생리를 하고, 가슴에 몽우리가 잡히며, 가슴과 엉덩이에 피하지방이 형성되는 등 성인 여성의 몸매로 변해갑니다. 남자아이는 고환과 음낭, 음경이 커지며 몽정을 하고 목소리가 변하며 어깨가 넓어지는 등 근육이 발달하여 성인 남성의 체형으로 변하게 됩니다.

성장호르몬과 성호르몬이 왕성하게 분비되면 아이들에게 많은 영향을 줍니다. 그중 하나가 부모와의 스킨십이 불편할 수 있다는 것입니다. 신체의 변화가 부끄러운 사춘기 아이도 있고, 너무 빠른 변화를 드러내고 싶지 않은 아이도 있습니다. 그리고 더 이상 어린아이가 아닌 성인으로 대우받고 싶은 아이도 있지요. 반대로 신체의 변화가 또래보다 늦어져 부끄러울 수도 있습니다. 그런 아이에게 부모가 갑작스러운 스킨십을 하거나 스킨십을 요구하는 것은 반갑지 않은 불청객입니다.

심리적인 변화도 함께 와요

신체의 변화는 마음에도 영향을 줍니다. 신체에 대해 관심이 많을 수밖에 없는 사춘기 아이는 자신의 신체에 대한 평가가 학업성취도나 심리적 행복감에까지 영향을 미치기도 합니다.

특히 성숙이 빠른 남자아이의 경우에는, 사회 적응

에 긍정적인 영향을 주는 경우가 있습니다. 예를 들어, 스스로에 대한 자신감과 안정감이 생겨, 운동이나 동아리, 학생회 활동을 활발하게 하는 경우가 많습니다.

중학교 2학년의 한 아이는 180센티미터 키에 운동신경도 아주 발달한 아이였습니다. 그 아이는 본인의 외적인 성숙함이 자신감의 이유라고 이야기합니다. 반면 성숙이 늦은 남자아이는 상대적으로 사회적인 열등감이 높고 주변으로부터 격려나 공감, 이해를 받고자 하는 욕구가 높습니다. 또, 부모의 스킨십을 어린아이처럼 대한다고 받아들이기도 하지요.

성숙이 빠른 사춘기 여자아이는 어떨까요? 그렇지 않은 아이에 비해 이성 관계에 빨리 몰입한다는 결과도 있습니다. 자신의 신체 변화 중 여자다운 부분을 스스로 높이 평가하며 인기의 요인이 된다고 받아들이는 친구가 있는 반면, 성숙이 늦은 여자아이는 외적인 변화의 속도가 늦어지는 것에 스트레스를 받을 수도 있습니다.

어른들 역시 몸이 불편하고 피곤하면 예민해지기도 하고, 몸이 가볍고 건강하면 에너지가 넘치는 것과 같지요. 사춘기 아이에게 호르몬으로 인한 신체의 변화는 뭔가 불편할 수도, 가벼울 수도 있는 것입니다. 이런 시기에 부모는 어떻게 아이를 대하면 좋을까요?

✷ 이렇게 해보세요

하나. 아이의 변화속도를 존중하고, 건강한 호르몬을 생성할 수 있도록 도와주세요

안타깝게도 사춘기 아이의 자연스러운 변화에 대해 부모가 해줄 수 있는 것은 거의 없습니다. 가르쳐주고 싶은 엄마의 마음을 아이는 잔소리로만 받아들이고, 구속한다고 생각할 수도 있습니다. 하지만 그냥 방관하는 것도 좋지 않습니다. 단순하고 예민한 아이는 관심과 사랑이 없다는 것으로 받아들일 수 있거든요.

둘. 아이의 변화를 엄마가 평가하지 마세요

아이의 외적 변화는 아이 스스로도 혼란스러울 수 있습니다. 예를 들어, 이제 브래지어를 착용해야 하는

딸에게 이런 말은 삼가해야 합니다.

"어이구~ 이제 어른 다 됐네!"

"언제 가슴이 그만큼 커졌냐?"

"요즘 애들 빠르다더니 진짜 빠르네."

또한 아이의 허락 없이 신체의 변화나 그에 대한 축하를 다른 사람과 먼저 공유하면 안 됩니다.

셋. 축하 메시지를 조용히 적어주세요

엄마의 기쁜 마음을 표현하고 싶을 때는 축하 메시지를 메모지에 적어주거나, 축하 파티에 대한 의견을 적어 아이 책상에 올려두는 것도 좋은 방법입니다. 아이의 성향에 따라 거창하게 축하를 받고 싶을 수도, 조용히 지나가고 싶을 수도 있으니까요.

넷. 조언이나 핀잔보다 아이에게 의견을 먼저 구하세요

"너 여드름 나는 거 매일 인스턴트니 뭐니 사 먹어서 그런 거야!"
"너는 이렇게도 엄마 마음을 몰라줘?"
"다 널 위해서 준비한 거야."
"그러니까 살찌는 거야."

이런 말은 금물입니다. 먹는 선택은 아이의 자유라는 것을 알아주세요. 이 말보다는 이렇게 말하는 것이 좋습니다.

"성장호르몬에 단백질이 좋대서, 오늘 저녁은 닭가슴살 카레 준비했어."

준비도 엄마의 자유인 것처럼 반응도 아이가 선택할 자유가 있습니다. 특히 사춘기 때는 더욱 그렇습니다.

02

친구 같은 모녀지간 가능할까요?

우리 아이만 유별나다고 생각하지 마세요

"영은아, 엄마가 호박죽 했는데, 여자는 호박을 먹어야 예뻐진대~."

"안 먹어."

"엄마가 애써서 했는데 한번만 먹어봐~. 호박이 몸에 얼마나 좋은데 소화도 잘되고 피부도 고와져."

(목소리가 커진다) "안 먹는다고! 내 말 안 들려? 안 먹는다고 하면 좀 안 먹는 줄 알아!"

"엄마가 다 너 생각해서 먹어보라는 거지?"

"한번 말하면 들어주는 게 날 생각해주는 거야!"

친구 같은 모녀지간이 되겠다는 순영 씨의 꿈이 사라지는 순간입니다. 어디를 가든 말 잘한다고 예쁨 받던 딸인데 지금은 말 한마디 지지 않으니 너무 속상합니다. '시월드'보다 더 어려운 존재입니다. 원래는 참 다정했는데 요즘엔 왜 이렇게 툭툭거리고 격하게 반응하는지 모르겠습니다. 우리 아이만 이런 건가? 아이의 사춘기는 원래 다 이렇게 힘든 것인지 혼란스러울 뿐입니다.

아이는 변연계를, 어른은 전두엽을 사용해요

뇌는 세 구조로 되어 있습니다. 첫 번째, 생명의 중추이자 본능의 뇌라고 불리는 뇌간(腦幹)입니다. 이 부위는 악어나 뱀의 뇌를 닮았다고 하여 '파충류의 뇌'라고도 불리며 뇌에서 가장 먼저 생긴 부분입니다. 뇌간은 신체에 전해지는 자극에 반응하는 감각능력, 팔과 다리를 움직이

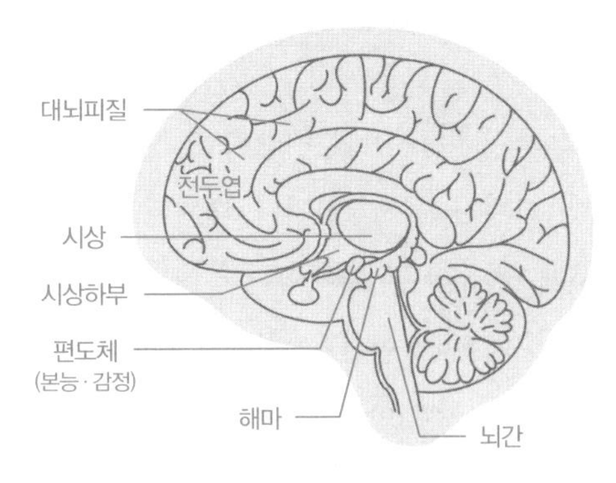

는 운동능력, 호흡과 혈압, 맥박, 체온조절, 혈관수축 및 이완, 기침, 재채기, 하품 등 생명유지에 필요한 역할을 하는 뇌의 핵심 부위입니다. 쉽게 우리가 뇌사상태에 빠졌다고 할 때 뇌간이 제 기능을 하지 못하는 것입니다.

두 번째는 감정의 밭이자 근원지인 감정의 뇌, 구피질(舊皮質)입니다. 변연계에 해당하며 기억을 저장하는 해마와 본능과 감정을 다루는 편도체로 이루어져 있습니다. 우리는 과거의 일을 떠올릴 때 사건뿐 아니라 그때의 감정 상태까지 함께 떠올리게 됩니다. 바로 변연계가 그 기능을 돕고 있기 때문입니다. '사이코패스'로 분류되는 사람들이 대부분 편도체가 제 기능을 못해 타인의 마음을 공감하거나 감정을 조절하는 데 큰 어려움을 겪는 것입니다.

마지막으로 우리가 뇌를 떠올리면 그려지는 구불구불한 부분인 신피질(新皮質)입니다. 대뇌피질에 해당되며 전체 뇌 무게 중 40%를 차지합니다. 인간에게 가장 발달된 부분이기 때문에 '인간의 뇌'라고 불리며 앞쪽 뇌와 뒤쪽 뇌로 구분합니다. 앞쪽 뇌는 인간이 이성적인 존재가 되는 데 도움을 주는 전두엽이 있습니다. 전두엽은 기억력, 사고력, 추리, 계획, 운동, 문제해결 등 고등정신작용을 관장하지요. 뒤쪽 뇌는 청각 정보를 처리하는 측두엽, 공간지각과 수학적 추론에 관여하는 두정엽, 시각정보를 처리하는 후두엽을 포함하고 있습니다.

우리 아이가 사춘기가 되어 달라진 이유는 뇌에 그 열쇠가 있습니다. 사춘기 아이들은 이성적으로 사고하는 전두엽 기능이 성인보다 떨어집니다. 반면 감정과 본능을 다루는 변연계는 더 발달하지요. 감정의 뇌가 발달되어 있으니 감정이 풍부해지기도 하고 감정적으로 이해하고 받아들이기도 합니다.

예를 들어, 엄마가 "거울 그만 보고 밥 먹어"라고 말하면 변연계가 발달한 사춘기 아이들은 '외모에 신경 좀 덜 쓰고 책이나 한 자 더 봐! 그 얼굴이 그 얼굴이야! 와서 밥이나 얼른 먹어'로 받아들일 수 있습니다.

변연계가 더 발달된 아이들은 말만 앞서는 경우도 많고 충동적으로 행동하고 감정적으로 대응합니다. 엄마의 격려나 꾸지람을 변연계로 받아들이게 되니, 전두엽이 잘 발달된 엄마는 말만 하면 짜증을 내고 목소리가 커지는 아이를 이해할 수 없습니다. 그리고 이성적이고 논리적으로 아이와 대화를 시도하며 말을 하지만 아이는 감정을 더 중요하게 여깁니다. 감정은 기억과 함께 생기기 때문에 평소 엄마의 이야기를 잔소리로 들었던 기억이 부정적인 감정으로 전이됩니다.

또한 사춘기에는 뒤쪽 뇌 중 시각 중추 기능을 하는 후두엽이 가장 발달합니다. 그렇기 때문에 아이들이 외모에 더 관심을 많이 가지게 됩니다. 잘생기고 예쁜 아이돌을 좋아하는 것은 매우 자연스러운 현상입니다.

'사춘기가 되더니 내 아이가 이상해'라고 생각하기보다는 이 시기에 일어나는 뇌의 변화를 아는 것만으로도 아이의 행동을 이해하는 데 많은 도움이 될 것입니다.

✷ 이렇게 해보세요

하나. 내 아이의 미완성된 전두엽이 되어주세요

임상신경과학자이자 《공부하는 뇌》의 저자인 다니엘 G. 에이멘(Daniel G. Amen)은 "왜 우리는 눈이 나쁜 사람에게 안경을 권하면서, 강박증이 있는 사람에게 단지 성격을 고치라고 말하는가?"라고 말합니다. 그의 말처럼 먼저 내 아이의 상태를 고치려 하기보다 안경과 같은 역할이 되는 것이 필요합니다.

전두엽이 미완성된 아이는 의욕이나 추진력이 부족할 수 있습니다. 그럴 때 "너는 왜 이렇게 세상을 편하게 사니!"라는 말 대신 아이가 관심을 가지고 흥미 있어 하는 분야를 먼저 파악하여 자발성과 자주성을 가질 수 있도록 북돋워주는 것이 좋습니다. 만약 아이가 공부보다는 게임을 좋아한다면 엄마도 아이가 하는 게임에 관심을 가지고, 그 안에서 아이의 강점을 발견해주세요. 그리고 그것을 아이에게 이야기해주세요.

"우와 우리 아들 관찰력이 정말 뛰어나다!"

"엄마는 너무 어렵던데, 우리 아들 손이 엄청 빠르구나!"

둘. 감정에 이름표를 붙여주세요

심리학자이자 《사회적 뇌 인류 성공의 비밀》의 저자인 매튜 리버먼(Mathew Lieberman)은 이렇게 이야기합니다. "감정을 말로 바꾸면 전전두엽 부위가 활성화되면서, 편도체의 반응이 줄어든다. 운전할 때 노란불을 보고 브레이크를 밟는 것과 같다. 감정을 말로 바꾸는 것이란 감정 반응에 브레이크를 거는 것이다."

전두엽 대신 편도체로 반응하는 아이에게 절대적으로 필요한 이야기입니다. 갈등 상황에서 아이를 이성적으로 나무라는 대신 감정에 이름을 붙여주세요. 아이가 지금 느끼는 감정에 브레이크를 걸 수 있도록 말이지요.

"영은이 지금 많이 억울하구나!"

"지현이 좀 부끄러웠겠구나!"

"한영이 많이 화가 났구나!"

03

아이가 누군가에게 사랑한다고 말해요

성은 금지할수록 강해져요

영숙 씨는 어느 날, 딸아이가 방에서 누군가와 통화하며 상대방에게 "사랑한다"고 말하는 것을 듣고는 깜짝 놀라 물어봤습니다.

"딸~. 뭐해? 안 자면 거실에 나와서 과일 먹자."

"방으로 갖다 줘."

(영숙 씨가 과일을 방으로 가져다주며 침대에 앉아서 딸에게

말을 건넨다.)

"방금 통화하던데, 이 시간에 누구야? 우리 딸 남자 친구 있어?"

"엄마 내 전화 엿들은 거야?"

"아니 들리길래 물어보는 거지. 같은 학교 친구야? 누군데? 어떤 친구야?"

"내가 엄마 전화하는 거 다 듣고 물어보면 좋겠어? 사생활 좀 존중해줘. 나 이제 잘 거야. 엄마 나가."

딸아이가 누군가에게 사랑한다고 말하는 것을 듣는다면 기분이 어떨까요? 좋아하는 감정은 자연스러운 일이지만 너무 어린 나이 아닌가 싶다가도 내가 너무 꽉 막힌 부모인가 싶습니다. 반가움보다는 걱정이 앞섭니다. 사랑이 뭔지나 알고 그런 말을 하는 걸까요? 요즘처럼 위험한 세상에 걱정이 더 커집니다.

✷ 이렇게 해보세요

하나. 성교육은 꼭 필요해요

과거엔 성은 부끄럽고 은밀하게 숨겨야 하는 것으로 치부되었습니다. 그런데 아직까지도 가정에서 부모와 아이가 성에 대해 이야기 나누는 것을 어려워합니다. 부모인 우리도 성에 대해 배워본 적이 없으니 아이에게 어떻게 알려줘야 할지 난감할 수밖에요. 성에 부정적 인식을 가진 부모라면 그 아이가 긍정적인 인식을 갖기란 더 어렵습니다. 사춘기 아이에게 자연스럽게 발생하는 호기심을 숨기며 부끄러워하거나 금기하면 더 강한 호기심과 강박, 그리고 죄의식이 생길 수 있습니다.

네덜란드는 성교육이 가장 잘 이루어지는 나라로 알려져 있습니다. 하지만 네덜란드는 1960년대만 하더라도 첫 경험의 나이는 12.4세였다고 합니다. 2000년대가 되어서야 첫 경험의 나이가 18세로 늦어졌습니다. 그 이유는 적절한 성교육이 이루어지면서 성병이나 임신과 같은 심각한 문제들의 발병률이 낮아진 것입니다.

우리나라도 초등학교의 성교육이 매년 15시간으로

의무화되어 있습니다. 하지만 아이들은 '진부하다'는 반응이 대부분입니다. 또한 아이들이 정말 궁금해하는 부분은 명쾌하게 알려주지 않습니다. 아직까지 우리나라에서는 성교육이라고 하면 섹스 교육이라는 편견 때문에 불편하게 느낍니다. 하지만 섹스는 성교육의 한 부분일 뿐입니다. 사랑과 데이트, 내 몸 관리에 대한 교육은 사춘기 아이들에게 꼭 필요합니다.

둘. 올바른 성을 아이와 함께 이야기하세요

2018년 질병관리본부가 우리나라 청소년 6만 40명을 대상으로 조사한 〈제14차 청소년 건강행태 조사 통계〉에 따르면 성경험이 있는 청소년은 응답자 중 5.7%였고, 성경험이 있는 청소년의 첫 경험 평균 연령은 만 13.6세였습니다. 더욱 심각한 것은 그중 절반 정도인 59.3%만이 피임을 한다는 것이지요. 다양한 환경에 아이들이 성에 노출되면서 더 이상 금지하거나 제한할 수만은 없는 문제가 되었습니다. 건강보험 심사평가원에 따르면 10대 성병 환자가 2014년 9,622명에서 2018년 12,753명으로 무려 33%나 증가했고, 그마저도 점점 늘어나고 있는 추세입니다.

이 결과에서 우리는 다시 한 번 제대로 된 성교육의 필요성을 깨닫게 됩니다. 어떤 일이 있어도 부모와 다양한 이야기를 할 수 있어야 한다는 것은 알지만, 부모가 성을 부끄러워한다면 아이와 이야기하기란 쉽지 않습니다.

그렇다고 갑자기 "여자친구(남자친구) 있어?" "뽀뽀해봤어?" "뽀뽀랑 키스랑 차이를 알아?" 이렇게 묻는다면 아마 아이는 '엄마가 왜 저러지?' '엄마가 이상해'라고 생각할 것입니다. 서로가 성에 대해 어색하거나 불편해하지 않기 위해서는 평소에 많은 대화가 있어야 합니다. 평소에 터놓고 이야기할 수 있는 사이에서 성 이야기는 자연스러울 수 있지만, 그렇지 않고서 갑자기 성에 대해서 이야기하기는 무척 어렵습니다.

2020년, 담양의 한 고등학교에서 바나나에 콘돔 끼우기 실습을 하겠다고 했다가 학부모들의 항의로 취소된 해프닝이 있었습니다. 먹는 음식에 콘돔을 끼우는 것이 불편했을 수도 있고, 콘돔을 끼우는 실습 자체가 불편했을 수도 있습니다. 콘돔 착용을 교육하는 방법의 적절성은 논외로 하더라도, 아이가 알아야 할 성을 감추거나 시기를 늦추면 더욱 호기심과 자극을 불러일으킨다는 것을 알아야 합니다. 부모 몰래 휴대폰으로 음란물을 보며 잘못된 인식을 할 수 있으니까요. 성은 자연스럽고 일상적인 삶의 일부라는 것을 어른이 먼저 인식하고 아이와 나눌 수 있어야 합니다.

1. TV나 영화를 보다가 성교육이 필요한 장면이 나온다면 자리를 떠나거나 채널을 돌리는 대신 생활 속에서 자연스럽게 대화를 시도해보세요.

2. 아이가 대답을 안 한다면 강요하지 마세요. 특히 어린 시절 부모와 성을 이야기해본 적 없는 아이에게 갑자기 성을 이야기하며 질문하거나 강요한다면 더 크고 자극적인 호기심으로 받아들이게 됩니다.

3. 아이의 경험을 직접 묻기보다는 그 상황에 대한 아이의 생각을 물어보세요.

04

아이가 엄마를 귀찮아 해요

아이들은 겉과 속이 달라요

"재원아, 학교에서 무슨 일 있었어? 표정이 왜 그래?"

"아니야…."

"아니긴 뭐가 아니야? 얼굴에 다 쓰여 있는데. 친구랑 싸웠어?"

"아니라고!"

"아니면 집에 들어올 때 좀 기분 좋게 들어와. 웃어

야 복도 들어오지. 네가 웃는 얼굴이 얼마나 예쁜데."

(재원이가 방문을 닫고 들어간다. 10분 뒤)

"재원아~."

"그냥 좀 가만히 놔둬!"

영미 씨는 내 아이가 사춘기가 되면 더 예민해질 거라고 생각하여 지레 겁을 먹었습니다. 그래서 아이에게 관심을 갖고 이런 저런 질문을 합니다. 밥은 뭘 먹었는지, 친구들이랑 무슨 이야기를 했는지, 학교는 어땠는지 물어보지요. 그것이 아이에게 관심을 가지고 있다는 표현 방법이라고 생각했기 때문입니다.

하지만 돌아오는 것은 아이의 무성의한 대답뿐입니다. 영미 씨는 아이의 이런 잘못된 행동을 엄하게 바로잡아줘야겠다고 생각하면서도 한편으로 아이와 부딪힐 생각을 하니 그냥 놔둬야 하나 싶습니다.

✱ 이렇게 해보세요

하나. 겉과 속이 다른 아이의 마음을 알아주세요

중학교 1학년인 민재는 하교 후 친구들을 데리고 집으로 갔습니다. 마침 집에는 엄마 손님들이 와 계셨지요. 당황한 엄마는 민재에게 말했습니다.

"미리 말하고 오지?"

아이는 짜증스러운 말투로 대답합니다.

"내가 내 집에 친구도 마음대로 못 데려와! 나가면 되잖아!"

민재는 문을 쾅 닫고 나가버렸습니다. 엄마도, 손님도, 함께 따라온 친구도 모두 무안한 상황이 되어버렸습니다. 나중에 이야기했지만 민재는 그때의 상황이 민망했고, 엄마한테도 미안했다고 했습니다. 이처럼 사춘기 아이는 의도하지 않게 속마음과 반대로 화나 우울, 침묵 등으로 표현해버립니다.

감정적인 큰 변화를 하루에도 몇 번씩 겪는 청소년기 아이와 부딪히는 상황에서 부모로서 아이의 말과 행동에 어떻게 반응해야 할까요? 지금 당장 버릇을 단단히 고쳐야겠다고 생각할 수도 있습니다. 하지만 아이의 버릇 없는 말이나 행동이 반복될수록 엄마의 물리적인 힘의 강도는 점점 더 세질 뿐입니다.

예를 들어, TV를 많이 보는 아이에게 "TV 끄고 들어가"라고 엄하게 이야기하면 처음에는 말을 잘 듣습니다. 하지만 같은 상황에서 같은 방법으로 아이를 움직일 수 없다는 것을 모든 부모는 알고 있습니다.

그다음에는 리모컨으로 TV를 끄고, 또 그다음에는 소리를 지르게 되며, 또 그다음에는 아이의 등을 살짝 때릴 수도 있습니다. 문제를 근본적으로 해결하지 않고서는 갈등만 더 깊어질 뿐입니다.

둘. 감정은 공감하되, 행동에 제한을 두세요

여러분의 사춘기 시절을 떠올려보세요. 지나고 보면 그때의 모든 것이 찬란했지만 당시에는 여러분 역시 혼란스럽고, 누군가가 미웠고, 화가 난 적도 많았을 것입니다. 그때는 보이지 않던 것들이 지나고 보면 추억이 된다는 게 이럴 때를 두고 하는 말 같습니다.

우리 아이도 마찬가지입니다. 아이도 커서 어른이

되면 사춘기 시절에 겪었던 행동과 감정이 선명한 사실로서가 아니라 아련한 기억으로 떠오를 것입니다. 내 아이에게 불안정한 이 시절을 행복한 그림으로 선물해주세요. 그때만 겪을 수 있는 아픔이 성인이 된 후에 돌아봤을 때는 웃음 짓게 하는 선물이 되도록 말입니다.

그러기 위해서는 '공감'이 필요합니다. 감정은 눈에 보이지 않기 때문에 더 공감하기 어려운 상황이 많이 생깁니다. 예를 들어, 하루종일 연락이 되지 않던 딸아이가 밤늦게 집으로 돌아옵니다. 반성의 말이라도 한마디 하길 바랐지만 아이는 문을 쾅 닫고 들어갑니다.

"너 지금 이게 무슨 행동이야! 뭐 잘한 게 있다고 문을 쾅 닫고 들어가!"

이렇게 한마디할 수 있지만, 공감이란 아이의 행동 뒤에 숨은 감정을 먼저 봐주는 것입니다. 그리고 그 감정을 공감해주는 것입니다. 공감이 없는 말은 비난과 경멸로 들립니다. 감정 표현에 익숙하지 않은 아이가 행동으로 '나 좀 봐주세요' '나한테도 좀 관심 가져주세요'라고 말하는데 우리는 아이의 마음을 짓밟다 못해 아이에게 비난과 경멸을 쏟아내는 격입니다. 잘못된 행동을 모른 체 넘어가라는 뜻이 아닙니다. 행동 뒤에 보이지 않는 아이의 마음에 공감이 먼저 필요하다는 것입니다.

셋. 공감 받으면 마음의 문을 엽니다

아이가 충분히 공감 받았다고 생각하면 스스로 감정을 조절할 수 있습니다. 그리고 다른 사람의 마음을 돌아볼 여유가 생깁니다. 그때 아이의 잘못된 행동을 이야기해도 늦지 않습니다. 아이 스스로 판단할 수 있도록 행동에 규칙을 정해주세요. 예를 들어 "늦지 마, 혹시 늦으면 꼭 전화해줘"보다 "엄마가 걱정하지 않도록 행동해줘" 정도가 좋습니다. 평소에 어떤 상황에서 엄마가 걱정하는지도 아이와 함께 이야기해보세요. 서둘러 눈에 보이는 행동만 이야기하다보면 아이의 마음을 놓칩니다.

특히 사춘기 예민한 아이의 마음을 잡지 못하면 걷잡을 수 없이 간격이 생기고 맙니다. 토끼를 잡을 땐 귀를 잡고, 닭을 잡을 땐 날개를 잡습니다. 그래야 달아나지 못합니다. 내 아이가 안전하게 부모 곁에 있게 하려면 어떻게 해야 할까요? 바로 아이의 마음을 잡아야 합니다. 아이의 마음을 공감해주면서 조금 더 가까워져보세요.

05

아이의 말투가 점점 거칠어져요

말투는 아이의 존재를 드러내는 도구예요

"아들, 이제 핸드폰 그만하지? 한 시간 지났어."
"잠깐만, 이것만 하고."
"아까부터 이것만 한다고 했잖아. 이제 그만하고 들어가서 숙제해."
"숙제 없어."
"숙제 없으면 휴대폰만 해도 돼? 얼른 끄고 휴대폰 식탁에 올려놓고 들어가."

"…"

(엄마가 아이의 휴대폰을 빼앗는다)

"끄라고 했다!"

"왜 그래! 내가 끈다고 했잖아. 엄마 존x 짜증나."

"뭐? 너 지금 엄마한테 말버릇이 그게 뭐야!"

"아 뭐!"

(방문을 쾅 닫고 들어간다)

해숙 씨는 갈수록 거칠어지는 아이의 말투 때문에 고민입니다. 예전에는 참 다정하고 부드럽게 말하던 아들이었는데, 요즘은 말수도 적어졌을 뿐 아니라 가끔 툭 내뱉는 말들이 듣기에 좋은 말이 아니기 때문입니다. 말은 곧 그 사람의 인격을 나타냅니다. 특히 요즘은 말의 중요성이 더 강조되고 있는 시대이기에 아이가 그런 말을 하다가 피해를 입거나 불이익을 당할까봐 염려가 됩니다. '남자아이니까 좀 그렇겠지' 하고 생각하지만, 갈수록 더 심해지는 건 아닐까 하는 마음에 지금 따끔하게 혼내야 하나 싶습니다.

✷ 이렇게 해보세요

하나. 아이들은 언어로 세 보이고 싶어합니다

몇 년 전 중학교에 수업을 가서 깜짝 놀란 적이 있습니다. 선생님 앞에서 학생들이 "씨×" "개××" 하고 욕을 합니다. 당황스러워서 못 들은 척해야 하는 건지, 욕을 하지 말라고 해야 하는 것인지 판단이 서지 않았습니다. 하지만 저를 더 놀라게 했던 것은 다른 아이 역시 그 욕에 기분 나빠 하는 것이 아니라 더 심한 욕으로 되받아친다는 것이었습니다. 아이들에게 왜 욕을 하는지 물어보았더니 이유가 지극히 단순합니다. "친하니까요." "세 보이고 싶어서요." "저도 모르게 습관적으로요." "짜증나니까요."

청소년들은 경쟁과 성취, 강하고 중요한 존재가 되고 싶어 하는 힘의 욕구를 언어로도 표현합니다. "그 영화 진짜 재밌어"보다 "그 영화 존× 재밌어"라는 말이 더 세다고 느끼지요. '진짜'보다 더 센 말이라고 누가 가르쳐주지 않아도 다양한 매체를 통해 아이들은 언어를 표현하는 방법을 접하고 스스로 자연스럽게 인식합니다. 어린아이와 어른 사이에 있는 사춘기 청소년은 '내가 제일 잘나가'라는 노래 가사처럼 내가 제일 잘나가는 사람이 되고 싶고, 또 그렇다고 생각합니다. 그리고 내 존재를 지키면서 다른 친구에게 무시당하거나 놀림감이 되고 싶어하지 않습니다.

아이들의 언어는 그 시기를 통과하는 무리 안에서 나의 존재를 표현하기 위한 하나의 도구입니다. 정체성을 표현하는 다음과 같은 신조어도 많이 생겨납니다.

~할 각이다(~할 상황이다, ~할 상태다를 나타냄)

관종(관심종자의 줄임말)

기모찌('기분 좋아'라는 뜻. 일본성인물에 나오는 언어)

지렸다(어떤 상황에 놀라 오줌을 싼 것 같다)

영린이(영어+어린이, 영어초보자)

뇌피셜(뇌+오피셜official, 개인적인 생각)

과거에는 '개-'라는 말이 누군가를 공격하거나 비난하는 부정적인 감정을 표현하는데 쓰였지만, 요즘은

"개잘생겼어" 같은 긍정적인 의미를 담은 말에도 사용됩니다. 아이들이 그런 말을 욕으로만 사용하는 것이 아니라는 것입니다. 텍스트를 먼저 접했던 부모 세대는 의미를 공유하는 것이 중요하지만, 동영상을 먼저 접한 사춘기 아이들은 감정을 공유하는 것을 더 중요하게 여깁니다. 그래서 텍스트보다는 이모티콘을 많이 사용하고 감정 표현을 더욱 극대화하려는 경향이 있습니다. 그 감정의 표현이 바로 '개-'와 같은 접두사지요. 아이의 말을 비난이나 욕처럼 부정적인 언어로만 듣기보다 감정의 표현으로 바라봐주세요.

둘. 아이 스스로 판단하도록 분별력을 키워주세요

그럼 부모는 무엇을 할 수 있을까요? 사실 부모의 말로 아이를 통제하는 것은 거의 불가능합니다. 아이가 스스로 욕이 나쁜 말이고 사용하면 안 된다는 것을 깨달아야 하지만 그것을 알기까지는 시간이 필요합니다.

1. 마냥 아이를 기다리는 대신 물어봐주세요. 그 말이 어떤 의미인지, 무슨 뜻으로 사용하는 것인지 말이

지요. 단, 알면서 묻는 떠보기 식은 안 됩니다. 가끔 엄마들이 아이가 욕을 했을 때 이렇게 말합니다.

"너 지금 뭐라고 말했어? 다시 말해봐!"

그것은 꾸지람이 목적입니다. 아이가 엄마가 알아들을 수 없는 말이나 나쁜 언어를 사용했을 때는 그 뜻이 무엇인지와 함께 어떤 마음인지도 물어보세요.

"존×가 무슨 뜻이야?"
"어떤 마음이길래 그렇게 말한 거야?"

2. 타박하는 대신 정확하게 요청해주세요. 아이는 감정을 표현하는 적절한 방법을 모를 수 있습니다. 그때, 그 말을 하지 말라는 것은 아이에게 네 감정을 표현하지 말고 참으라는 것과 같습니다. 그때는 좀더 구체적으로 요청해주세요.

"엄마한테는 존× 짜증나 대신 너무 짜증나! 라고 말

해줘."

3. 아이가 엄마가 요청한 대로 말한다면 고맙다는 표현도 꼭 해주세요. 엄마의 요청을 아이가 기억하고 있다는 것은 대단한 것입니다. 하지만 지난번 엄마의 요청을 기억하지 못하고 또 같은 방법으로 말하고 화를 표현한다고 하더라도 "너 지난번에 엄마가 그 말 하지 말라고 했지! 너무 짜증나! 하고 말하라 그랬잖아! 너 한 번만 더 그렇게 말하면 혼난다!"라고 말하지 마세요. 몇 번 말했다고 그걸 기억하여 적용하는 것은 어른도 불가능합니다. 그럴 때는 지난번처럼 반복해서 요청해주세요. 아이가 점점 커갈수록 엄마가 해줄 수 있는 범위는 줄어듭니다. 특히 아이를 엄마가 원하는 방향으로 컨트롤하는 것은 모든 엄마들에게 큰 숙제입니다.

06

스마트폰 없으면 왕따가 된대요

스마트폰 세상을 인정해주세요

"엄마 이번에 지용이 생일선물로 최신 스마트폰 받았대."

"그래서 부러워? 너도 핸드폰 있잖아. 그리고 엄마가 3학년 되면 좋은 걸로 바꿔준다고 했잖아. 친구가 한다고 다 따라하니?"

"치~. 나는 폴더폰이라서 친구들이랑 채팅도 못하고 게임도 못해. 나 나중에 왕따 당하면 엄마가 책임져!"

"채팅 못한다고 왕따 당하면 폴더폰 쓰는 애들은 다 왕따야? 폴더폰 사용하는 친구들끼리 놀아! 스마트폰 갖고 싶다고 말도 안 되는 핑계를 대고 있어!"

"핑계 아니거든, 우리 반 애들 단톡방도 있고, 학원 같이다니는 애들끼리 카톡도 하는데 나는 아무것도 못하잖아."

"그냥 갖고 싶다고 솔직하게 이야기해! 뭘 폰 때문에 이것도 못하고 저것도 못하고 왕따 당한대? 너 자꾸 그렇게 핑계 대면 중학교 가서도 안 사줄 거야!"

"사주지마, 그럼 나도 공부 안 해!"

나영 씨는 매번 접하는 스마트폰 부작용 기사나 스마트폰으로 인한 사건 사고 뉴스를 볼 때마다 스마트폰은 좀 늦게 사줘야겠다고 다짐합니다. 하지만 부모도 아이의 말을 다 무시할 수는 없지요. 길거리를 다녀보면 초등학생부터 어른까지 모두 손에 스마트폰을 쥐고 다니는 모습을 보면서 내 아이가 진짜 스마트폰이 없어서 친구들끼리의 온라인 모임에 함께하지 못하나 싶은 마음이 들기도 하니까요. 한편으로는 스마트폰으로 인해 아이의 생활이 방해받을 생각을 하면 쉽게 결정하기 어려운 부모의 마음도 혼란스럽기는 마찬가지입니다.

✷ 이렇게 해보세요

하나. 아이들의 소통 창구가 된 것이 현실이지요

요즘 중학생 이상의 아이들은 대부분 스마트폰을 가지고 있습니다. 학교에서는 아침 조회시간에 스마트폰을 보관하는 가방에 넣고, 점심시간에 잠깐 돌려받아 사용한 뒤, 하교 후 집으로 가져갈 수 있도록 관리합니다. 집으로 돌아온 아이들은 저녁 시간부터 스마트폰을 사용할 수 있게 됩니다. 그런데 그 시간마저 부모의 염려 속에 떳떳하게 사용하기 어렵지요.

학생들에게 스마트폰을 왜 하는지 이유를 물어본 적이 있습니다. 정말 스마트폰이 없어서 왕따를 당할 수 있는지, 친구들과 노는데 스마트폰이 중요한지 물어보니 중학생 이상의 아이들은 교우관계에서 중요한 역할을 한다고 대답했습니다. 특히 여자아이들은 친구들과 맛집을 가거나 '핫플'을 가면 사진을 찍어 SNS에 올리고 댓글 릴레이를 하면서 재미를 느끼고 우정을 쌓아간다고 합니다. 친구와 온라인에서 공유하는 것들이 더 많아지므로 관계는 깊어지고 '찐우정'이 되는 거지요.

남자아이들은 게임을 하면서 친구와 항상 연결되어 있다고 느낀다고 합니다. 2명씩 편을 나누어 게임을 하고, 지는 팀이 편의점에서 쏜다고 하니 노는 모습이 성인과 비슷합니다.

요즘 대부분의 가정에는 아이가 하나 또는 둘이지요. 맞벌이 부부가 많아지면서 아이가 느끼는 외로움도 커져만 갑니다. 형제가 있다고 해도 어릴 때는 형제와 함께하는 즐거움이나 소중함을 크게 느끼지 못합니다. 어린 시절에는 형제보다는 오히려 친구들과 더 재미있는 추억을 쌓으며 놉니다.

특히 사춘기에는 또래에 대한 욕구가 커지는 시기다 보니 친구와 어울려 놀고 공유하기를 원합니다. 친구가 스마트폰이 있으면 함께 가지고 놀게 되고, 친구가 PC방을 가면 함께 가게 되지요.

하지만 아이들이 같은 공간에 모여 각자의 스마트폰을 가지고 메시지로 이야기하는 모습을 보면 안타까울 때가 많습니다. 팬데믹 이후 비대면 수업을 위해 스마트폰과 스마트 패드를 구매하는 아이들이 늘었다고 하지만, 지금은 점점 스마트 기기를 아이들이 친구와 소통하는 데 더 많이 쓰지 않나 하는 생각도 듭니다.

둘. 이왕 사준 스마트폰, 잘 사용하게 도와주세요

프랑스와 네덜란드와 같은 유럽 국가들은 학교 내 스마트폰 사용을 법으로 금지하고 있습니다. 이처럼 특별법이 제정되어 전체 청소년들을 보호하는 것이 아니라면 엄마 혼자만의 힘으로 스마트폰 사용을 통제하기란 쉽지 않습니다.

우리나라도 대부분의 학교에서 통제가 이루어지고 있지만, 사춘기 아이들은 금지할수록 더 큰 반항심을 가질 수 있기에 염려되는 부분이 있습니다. 또한 물리적인 압력을 가하는 것은 점점 강도가 세지기 때문에 그보다는 아이와 가벼운 규칙부터 스스로 정하게 하여 지켜나가는 힘을 길러줄 필요가 있습니다.

1. 무작정 스마트폰만 만지고 있는 아이를 혼내지 마세요. 게임을 좋아하고, SNS로 다른 친구들과 소통하기를 원하는 아이를 인정해주세요.

2. 아이의 욕구는 인정하되 규칙을 정하세요. 규칙을 부모가 정하기보다 아이 스스로 정하고 지킬 수 있도록 대화를 나눠보세요. 하지만 아이가 정한 규칙이라 해도 무조건적으로 수용하면 안 됩니다. 너무 지나치지 않게 분명한 제한이 필요합니다.

3. 스마트폰이 신체 건강이나 정서에 미치는 부정적 영향을 아이와 이야기하는 시간이 필요합니다. 일회성으로 끝내는 것이 아니라 가족이 모이는 시간을 정해 스마트폰 사용으로 인한 긍정적, 부정적 사례들을 아이가 스스로 찾아볼 수 있게 도와주세요.

4. 아이와 함께 외부활동을 하세요. 신체활동을 하거나 전시회를 보러 가는 등 스마트폰을 사용하지 않을 환경을 제공해주세요. 전두엽이 잘 발달된 어른조차

도 쉬는 날 스마트폰을 보면서 몇 시간씩 소비해버리는 경우가 많습니다. 스마트폰 사용 시간을 다스리는 것은 아이, 어른 할 것 없이 어렵습니다. 그럴 땐 차라리 의도적으로 환경을 바꾸어주는 것이 좋습니다.

07

아이가 외모에 너무 신경 써요

아이들은 모두가 자기를 본다고 착각합니다

희정 씨는 휴대폰을 보고 있던 딸아이에게 두부를 사오라고 부탁했습니다. 딸아이는 알았다고 대답하더니 한참이 지나도 방에서 나오지 않습니다. 그래서 아이 방으로 들어가보니 고데기로 앞머리를 말고 있습니다. 남편이 퇴근하고 돌아올 시간에 맞춰 저녁 준비를 하고 두부만 넣으면 되는데, 렌즈 끼고 립스틱을 바르는 아이를 보니 황당하고 화가 납니다.

"너 지금 뭐하니?"

"두부 사오라며? 이거 하고 갔다 올게."

"아니, 멀리 가는 것도 아니고 바로 집 앞에 슈퍼 가는데 화장을 왜 해? 벌써 사오고도 남았겠다. 가지 마, 됐어!"

"엄마, 내가 안 간다는 것도 아닌데 왜 화를 내!"

신체적인 변화가 두드러지면서 아이들은 외모에 더욱 관심을 가지게 됩니다. 게다가 TV나 유튜브 등의 미디어에 또래 아이돌 그룹이 진하게 화장하고 노출된 복장으로 출연하는 것을 보면서 자신과 동일시하기도 하지요. 내가 좋아하는 아이돌의 모습과 비슷하게 꾸미고 하루종일 거울을 보고 또 봅니다. 그런 모습을 보고 있는 부모는 혹시 내 아이가 외모지상주의에 빠지지 않을까 염려되고, 그로 인해 성적이 떨어지진 않을지, 나쁜 친구들과 어울리게 되지는 않을지 걱정됩니다.

✷ 이렇게 해보세요

하나. 모든 사람들이 자기만 본다고 생각해요

발달심리학에서는 청소년기를 자아중심성이 확대되는 시기로 봅니다. 그래서 이 시기의 아이는 자기가 특별한 존재라는 착각에 빠집니다. 발달심리학자 데이비드 앨킨드(David Elkind)는, 자아중심성의 형태를 크게 두 가지로 나눕니다.

첫 번째는 '개인적 우화(personal fable)'입니다. 즉, 나는 특별하고 독특한 존재이기 때문에 자신의 생각이나 감정은 다른 사람과 다르며 남들이 이해할 수 없고, 자기 자신이 매우 중요한 인물이라고 믿는 것입니다.

개인적 우화는 자신감과는 다릅니다. 예를 들어 사춘기 아이들이 '나에게는 나쁜 일도 위험한 일도 일어나지 않을 거야'라고 생각하여 음주나 흡연을 하거나 안전장치 없이 위험하게 오토바이를 타기도 합니다. 실제로 학창시절 오토바이를 타고 다니던 한 친구는 나에게는 절대 위험한 일이 일어나지 않을 거라고 믿기도 했습니다.

자아중심성의 두 번째 형태는 '상상적 청중(imaginary

audience)'입니다. 청년기의 과장된 자의식으로 인해 자신이 집중적인 관심과 주의의 대상이 되고 있다고 믿는 것입니다. 사춘기 아이는 모든 사람이 자기에게 집중하고 자기만 본다는 착각에 빠져 상상 속의 청중을 의식하며 살아갑니다.

모든 사람들이 자기에게 집중하고 있다고 생각하기 때문에 남들이 알아차리지 못하는 작은 실수에도 심각해하며 예민하게 반응합니다. 실제로 중학교 2학년의 한 여자아이는 아침에 머리가 마음에 들지 않아 두 번을 더 감고 등교하기도 합니다.

이처럼 세상의 중심이 자기 자신이고, 모든 사람들이 자기를 바라보고 있다고 생각하기 때문에 우리 아이들이 외모에 집중하는 것은 당연한 일입니다. 부모 입장에서는 이해되지 않고 화가 날 수 있습니다. 하지만 내 아이만 이런 것이 아닙니다. 이 시기에 일어나는 보편적인 특징이라는 이해가 필요합니다.

그나마 반가운 것은 이런 특징은 중학교 2학년에 가장 높게 나타나며 그 이후부터 서서히 감소하는 일시적인 현상이라는 것입니다. 어떻게 보면 외모에 관심을 갖고 자기 중심성을 갖는 것은 아이들이 잘 자라고 있다는 증거입니다.

둘. 아이의 외모에 대한 관심을 이해하고 존중하며 확장시켜주세요

부모의 어린 시절에는 '일진' '날나리'라 불리는 친구들만 화장을 하고 교복을 줄여 입고 다녔습니다. 하지만 지금은 모든 아이들이 외모 꾸미기에 신경을 씁니다. 사춘기 아이가 자기중심적이거나 반항적이고, 부모와 거리가 멀어지면서 친구와 관계를 맺어나가는 것, 또는 외모에 관심이 많아지면서 자신의 외모가 불만족스럽고, 세 보이고 싶은 마음이 드는 것은 아이의 자유입니다. 그 마음은 통제할 수 있는 영역이 아닙니다. 유독 내 아이만 별나다고 생각하기보다 요즘 아이들은 감각이 더욱 발달되었구나라고 생각하고 먼저 존중해주세요.

요즘은 다양성이 각광 받는 시대입니다. 생각지도 못한 직업이 생겨나고, 1인방송을 하는 사람들 역시 각자의 개성 있는 콘텐츠로 인기를 얻습니다. 이런 시대를 살고 있는 내 아이가 개성 없는 '무채색'으로 묻어가기

보다는 자기만의 개성을 보여주고, 감각적으로 자기를 표현하는 장점으로 바라봐준다면 아이는 부모와의 관계를 편하게 느낄 것입니다. 화장이 단순한 치장이나 꾸밈이라고 바라보기보다 아이의 감각으로 여기며 재능을 인정하고 취향을 존중해준다면 아이 역시 자신의 모습을 부모에게 숨기지 않을 것입니다.

이런 재능이나 감각은 다양한 분야에 접목될 수도 있습니다. 꼭 연예인이 아니더라도 건축, 디자인, 개인사업체 운영, PPT 보고 등 다양한 방면에서 표출될 수 있습니다. 당장 눈앞에 있는 아이의 하루와 내일이 걱정되겠지만, 이런 상황을 긍정적으로 바라보고 아이의 재능을 확장시켜주세요.

헤밍웨이의 소설《노인과 바다》에서 84일간 물고기를 한 마리도 잡지 못한 산티아고 노인이 85일째 엄청난 크기의 청새치를 잡는 데 성공하는 장면이 나옵니다. 하지만 바로 낚아 올리지 않고 물고기의 흐름에 따라가며 때를 기다립니다. 그때 노인은 잠도 자지 않습니다. 모든 에너지를 청새치에게 다 쏟아 결국 성공하게 되지요. 기다림과 인내의 대명사인 산티아고 노인처럼 우리도 사춘기의 예민한 아이를 키우면서 일시적으로 끝나는, 보편적인 현상 속에 있는 아이를 따스한 시선으로 바라보고 기다려준다면 아이는 부모를 더욱 신뢰하게 될 것입니다.

08

아이가 가족여행을 안 따라오려고 해요

(마흔 살 친구는 부담스럽습니다)

"민수야, 우리 이번 여름휴가는 부산으로 가는 거 어때?"

(민수는 휴대폰을 보는 중이다)

"엄마가 찾아본 곳이 바닷가 뷰라 확 트이고 너무 좋던데, 아빠한테 여기로 가자고 할까?"

(계속 휴대폰만 본다)

"아니면 민수 어디 가고 싶은 곳 있어?"

"나 학교 숙제도 해야 하고, 엄마랑 아빠랑 갔다와."

"왜? 가족모임인데… 우리가 자주 가는 것도 아니고 여름휴가는 한 번이잖아. 가족이 다 같이 가야 재미있지. 네가 빠지면 무슨 가족 여행이야."

"가족 모임에 따라가는 중학생이 어딨어? 내 친구들 아무도 안 따라간대."

"너랑 친구랑 같니? 친구들 안 간다고 너도 안 가?"

"아 몰라, 엄마 아빠랑 여행 가는 거 재미없어. 엄마랑 아빠 휴가 가면 애들 불러서 우리 집에서 파자마 파티 하면 안 돼?"

"얘가~. 여름휴가 가자니까 무슨 친구를 불러 파자마 파티를 한대?"

민정 씨는 초등학교 때까지는 곧잘 따라다니던 아들이 중학생이 되면서 가족모임이나 행사에 함께 가려고 하지 않는 모습에 속이 상합니다. 아이를 먼저 키운 선배 부모에게 들어본 적은 있지만, 막상 내 이야기가 되니 섭섭한 마음이 듭니다. 물론 이런 상황이 아이에게는 굉장히 자연스러운 현상이라는 것도 압니다. 그럼에도 불구하고 속상한 것은 어쩔 수 없습니다.

✷ 이렇게 해보세요

하나. 사춘기 아이에게 마흔 살 친구는 필요 없어요

아이를 이해하려 노력하고 친구 같은 부모가 되는 방법을 배우는 부모가 많습니다. 아무리 다가가려 해도 아이와 심리적인 거리감이 있다 보니 많은 노력을 하게 됩니다. 그럼에도 부모는 다양한 인생 경험을 통해 얻은 깨달음과 방법을 알기에 아이가 겪는 일상의 문제에 공감하기보다는 먼저 해결을 하려고 달려듭니다.

담임 선생님한테 혼난 사실을 부모가 안다면 왜 혼났는지 이유를 묻고 아이가 다시 혼나지 않도록 예방하려고 합니다.

"딸, 담임선생님께서 전화하셨어. 너 숙제 안 해가서 수업 시간에 혼났다며? 요즘 매일 늦게 자는 거 같더니 왜 숙제 안 해 갔어? 다음부턴 미리미리 잘해 가.

다 생기부에 기록될 텐데 선생님 눈 밖에 나서 좋을 거 없잖아."

하지만 친구는 다릅니다. 평소에 공유하는 부분이 많기 때문에 감정과 상황에 더 공감받는다고 생각합니다. 당연히 친구의 공감이 큰 위로가 되는 것이고요.

"너희 반 숙제 안 해서 단체로 혼났다며? 근데 그걸 엄마한테까지 전화해? 대박, 그건 좀 심한듯."
"헐, 쌤 너무한 거 아님?? 전화할 것까진 아닌거 같은데… 담임 진짜 이해 안 돼."

둘. 친구 같은 부모가 될 순 있어도 친구가 될 수는 없습니다

어른 역시 성격이나 성향, 환경이 비슷한 사람과 더 쉽게 친해지고 공감이 잘됩니다. 아이도 또래에게서 느끼는 위로와 공감, 재미가 따로 있습니다. 부모의 위로가 효과가 없는 것이 아니라 친구의 공감과 위로는 또 다른 효과가 있는 것이지요. 또래 친구에게 위로받기를 원하는 아이의 이런 자연스러운 행동에 서운해하기보다 다행이라고 생각해야 합니다. 내 아이에게 위로가 되는 친구가 있다는 것이 얼마나 다행인가요? 부모가 못 해주는 부분을 친구가 채워주니까요. 그래도 언제든 도움이 필요하면 떠오르는 사람이 부모이길 바라는 마음을 전해주세요.

"엄마 도움이 필요하면 이야기해줘."
"엄마가 좀 궁금한데, 이야기해주고 싶을 때 말해줘."

셋. 아이의 우정을 존중해주세요

미국의 정신분석가 허버트 해리 스택 설리반(Herbert Harry Stack Sullivan)은 성격발달 7단계 중 청소년 전기는 또래에 대한 욕구가 시작되는 시기이고, 청소년 중기는 또래에 대한 욕구가 높아지는 시기라고 말합니다.

어른이 되어도 중학교 동창과 여전히 깊은 관계를 유지할 수 있을까요? 한두 명 정도이거나 1년에 한 번 모임에 나가는 정도일 것입니다. 하지만 아직 중학생에 머물러 있는 내 아이에게는 친구가 최고로 중요한 존재입니다.

1. 아이의 우정을 존중해주세요. 단 아이가 친구를 좋아하고 친구와 더 많은 시간을 보내고 싶어한다고 해서 가족과의 시간에 소홀해져서는 안 됩니다. 그렇다고 강제로 가족과 시간을 보내도록 하는 것 역시 역효과를 불러올 수 있습니다.

2. 정기적인 가족 모임과 대화의 시간을 함께 정하고 지킬 수 있도록 격려해주세요.

3. 규칙이 잘 지켜질 때는 '고맙다'는 말도 좋지만 부모의 기분을 이야기해주세요.

4. 취미를 공유해보세요. 한 지인이 사춘기 아들과 자꾸 어색해지는 관계가 걱정이 되어 아이와 취미 생활을 시작했습니다. 그리고 한 달에 두 번 취미 생활을 같이 하는 것이 가족의 규칙이 되었습니다. 함께 무언가를 공유한다는 것은 더 돈독해지고 가까워지

는 아주 쉬운 방법입니다. 아이의 우정은 존중하되, 가족 문화의 규칙이 잘 지켜질 수 있도록 격려해주세요.

09

아이가 부정적인 말을 너무 쉽게 내뱉어요

너무 깊게 생각하지 마세요

"주은아, 오늘 학원에서 시험 봤지? 잘 봤어?"

"몰라. 다 망했어, 나는 쌤이랑 진짜 안 맞나봐. 내가 공부 안 한 것만 나와."

"뭘 안 맞어~. 네가 다 봤어야지, 그걸 왜 선생님 탓을 해."

"엄마는 모르면 가만히 있어. 나만 그러는 게 아니고 애들 다 그랬거든!"

"다 같이 모여 다니면서 공부 안 하고 놀더니 잘한다~."

"엄마는 내 나이 때 학원 안 다녔잖아."

"엄마는 학원 다니고 싶어도 못 갔거든. 너는 정말 좋은 시대에 태어난 거야."

"뭐래~. 진짜 이번 생은 망했어. 아 몰라, 난 이게 최선이야. 다음 생에는 절대 공부 안 해도 되는 사람으로 태어날 거야. 아니, 그냥 안 태어날 거야."

"애가 이번 생이 망했다가 뭐야! 겨우 학원시험 때문에 인생 망했대? 너 말이 얼마나 중요한데, 농담이라도 절대 그런 말 하지마."

현진 씨는 요즘 아이들을 보면 참 부족한 것 없이 자란다는 생각이 듭니다. 갖고 싶다고 말하면 쉽게 얻어지고, 하고 싶다고 하면 오래 걸리지 않아 할 수 있으니까요. 사춘기라 예민하기도 하지만 아이를 보면 너무 오냐오냐하고 키운 것 같고, 쉽게 얻는 것이 많은 만큼 쉽게 포기한다는 생각도 듭니다.

살아보니 마음가짐과 말 한마디가 참 중요하던데 아이가 살았으면 얼마나 살았다고 저런 말을 하는지 마음이 무너집니다. 부모의 마음을 아는지 모르는지 아이가 툭툭 내뱉는 말에 한숨이 절로 나옵니다.

✷ 이렇게 해보세요

하나. 아이의 말 한 마디, 깊게 생각하지 마세요

한 중학교에서 아이들과 수업하면서 '이생망'이라는 말을 들었습니다. 그 뜻을 물었더니 "이번 생은 망했다"는 뜻이라고 합니다. 왜 그런 말을 쓰나고 물어봤더니, 시험을 망쳐서 이생망이라고 합니다. 다이어트에 실패해서 이생망이라는 거지요. 그게 다입니다. 아이들의 이야기를 들어보면 부모가 생각하는 것만큼 진지하게 의미가 있는 것은 아닙니다. 말버릇처럼 "이생망" 하는 것일 뿐, 진짜 이번 생은 망했으니 끝났다는 의미는 아닙니다.

그러니 내 아이의 말 한마디 한마디를 너무 깊게 생각하지 않아도 됩니다. 하지만 아이가 어떤 상황, 어떤 마음에서 그런 말을 쓰는지는 알아주어야 합니다. 예를 들어 아이가 열심히 준비했던 시험에서 낙제하고 이생망이라고 했을 때, 뭐라고 대답하면 좋을까요?

"다음에 열심히 하면 되지, 말이 그게 뭐야."
"괜찮아. 시험 문제가 어려웠나 보네."

이렇게 대답하지는 않나요? 마음을 알아주는 게 필요한 상황에서 아이를 급하게 위로하려 들거나 아이의 말에 꼬투리를 잡아 훈계하지는 않나요? 이렇게 공감받지 못하는 상황들이 반복되다보면 아이들은 충분하지 못하다는 허전함을 느끼게 됩니다. 그 허전함이 아이를 외롭게 하고, 열정을 빼앗아가기도 합니다.

"책의 주인공처럼 가족들과 모두 흩어져서 살게 되면 어떨 것 같아?"
"어쩔 수 없죠."
"법을 지키게 되면 주인공의 아내가 죽는데, 너라면 어떻게 할 것 같아?"
"어쩔 수 없죠."

이런 대답은 언제나 당황스럽습니다. 생각에는 정답이 없다지만 주인공의 마음을 조금만 헤아려주고 공감해주면 참 좋을 텐데라는 생각이 든 적이 여러 번입니다. 물론 위의 대답은 현실적인 말입니다. 선택의 여지가 없는 최후의 상황에서 어쩔 수 없으니 받아들인다는 의미 아닐까요? 공감도 안 되고 희망도 보이지 않는 이 대답은 아이가 치열한 전쟁터 같은 현실을 어떻게 살고 있는지 보여주는 말이기도 합니다.

둘. 조건 없이 아이의 편이 되어주세요

한 번은 한 학생이 수업 중에 엄마의 전화를 받고 막 울었습니다. 좀 진정한 후에 왜 우냐고 물어봤더니, 아이의 말이 제 가슴을 먹먹하게 했습니다.

"엄마는 제 이야기는 들어주지 않아요."

또 다른 아이는 자기가 폐쇄공포증이 있는데, 부모님이 아무것도 아닌 것으로 치부해버린다며 자기를 사랑하지 않는 것 같다고 슬퍼했습니다. 부모님 눈에 심각하지 않아 보이는 일도 내 아이에게는 목숨 같은 일로 여겨질 수 있습니다. 아이의 고통을 볼 때는 인생을 다

살아낸 어른이 아니라 아이의 눈으로 바라보는 것이 필요합니다.

어른들은 요즘 아이들이 "참을성이 없다" "끈기가 없다" "나약하다"고 말합니다. 그런 아이들을 탓하기 전에 아이들이 어떤 환경에서 살고 있는지 들여다봐야 합니다. 학교, 학원 할 것 없이 서열이 매겨지고, 사회가 정해놓은 틀에서 벗어나면 문제아란 이야기를 들으며 치열한 경쟁 속에 살고 있습니다. 스스로가 하루를 선택하기 전에 짜여진 시간 속에 쫓기듯 하루를 보냅니다. 부모처럼 또는 부모와 정반대로 정해진 꿈을 키워야 하고, 자유롭게 선택하지 못합니다. 그런 아이의 삶을 들여다보세요.

어른에게도 어려운 것을 아이에게 바라는 건 아닌지 생각해봐야 합니다. 만 18세 미만을 미성년자라고 정의하는 이유가 뭘까요? 그전까지는 부모의 영향을 많이 받는 나이입니다. 혼자 학교와 학원을 가고, 스스로 할 수 있는 것이 많아졌다고 해서 결코 어른이 된 것은 아닙니다. 항상 부모에게 사랑과 관심을 받고 싶어 하는 아이에게 귀 기울여주세요. 그리고 조건 없이 그것을 표현해주세요. 훗날 아이가 사춘기 시절을 되돌아봤을 때, 부모에게 감사한 시간이었다고 생각하게 될 것입니다.

Part
03

나의 속마음 들여다보는 법

01

아이에게 화를 너무 많이 내요

(아이가 아니라 결국 자신에게 화 낸 것입니다)

아이가 좋아하는 음식으로 식사를 준비하고, 아침마다 아이의 얼굴을 살피며 건강을 챙깁니다. 어쩌다 아이에게 해야 할 말이 있을 때는 상처 주지 않도록 말을 고르고 골라 한 마디 건네는가 하면, 이 책을 읽는 것까지 포함하여 아이와 잘 지내기 위해 부모는 끊임없이 노력합니다.

그렇다면 부모인 여러분은 나 자신과 잘 지내고 있나

요? 아이 얼굴만 봐도 마음이 어떤지 알면서 나의 몸과 마음은 얼마나 이해하고 있나요? 무엇이 나를 화나게 하는지, 어떻게 해야 마음이 풀리는지 알고 있나요? 아이가 무엇을 해도 사랑스럽게 여기는 그 마음, 나 자신에게도 유효한가요? 여러분은 스스로가 조건 없이 사랑스러운가요?

아이가 왕따를 당하고 있다고 말했을 때 "왜 그런 일을 당하고만 있어?" 하고 아이에게 소리를 질렀다는 경희 씨는 아직도 그 순간이 너무 후회된다고 합니다. 왕따를 당해서 속상했을 아이의 마음보다 그런 일을 당하고 있는 아이가 너무 바보 같다는 생각이 들었다는 것입니다. 경희 씨는 왜 아이가 바보 같다는 생각이 들었을까요? 그녀는 어린 시절 친구들에게 괴롭힘을 당했던 이야기를 꺼냈습니다.

누구에게 도와달라 말도 못하고, 괴롭히는 친구들에게 하지 말라고 말 한마디 꺼내지 못한 자기 자신이 너무 바보 같았다면서 큰 아이가 자기와 똑같이 그냥 당하고 있는 모습을 보니 화가 난 것 같다고 말이지요. 경희 씨가 아이에게 "왜 그런 일을 당하고만 있어?"라고 말한 것은 결국 자기 자신에게 하고 싶은 말이었습니다. 괴롭힘 앞에 무력하게 당하고 있는 아이의 문제가 아니라 어린 시절 괴롭힘을 당한 자기 자신을 바라보는 시선이 문제였습니다.

나를 이해하는 연습

아이와 잘 지내기 위해 아이를 알기 위한 노력을 하듯 부모이기 전에, 독립된 존재인 자기 자신을 이해하고 스스로와 잘 지내는 것도 중요합니다. 자기를 이해한다는 것은 단순히 내가 무엇을 좋아하고 싫어하는지에 대한 것이 아닙니다. 일상에서 어떤 감정을 느끼는지, 갈등 상황에서 어떤 생각이 머릿속을 스치는지, 자신의 삶에서 중요하다고 여기는 가치는 무엇인지, 옳다고 굳게 믿는 신념은 무엇이고 그런 것들이 삶과 아이 양육에 어떤 영향을 미치는지 등을 아는 것입니다.

자기 자신을 잘 알고 있지 않으면 자신의 내면 문제

를 아이의 문제로 착각하고 잘못된 양육방식으로 아이를 힘들게 할 수 있습니다. 나도 모르게 해결하지 못한 자신의 어린 시절 감정을 아이에게 투사하여 아이를 괴롭히는 상황까지 만들기도 합니다.

완벽한 부모가 되는 것은 불가능합니다. 하지만 자기 자신을 이해함으로써 아이에게 생긴 일들을 모두 부모의 탓이거나 아이의 탓으로 돌리지 말고, 부모 자신과 아이를 분리해서 볼 수 있는 건강한 마음을 가져야 합니다.

거울을 보고 내 얼굴에 뭐가 묻었다면 거울이 아니라 얼굴을 닦아야 합니다. 아이와도 마찬가지입니다. 혹시 내 마음의 문제는 아닌가 돌아볼 수 있어야 합니다. 그러기 위해서는 자기 자신을 알아가는 시간을 가져야 합니다. 아이에게 쏠려 있는 모든 관심의 스포트라이트를 스스로에게 돌려서 아이를 돌보는 내 마음을 돌보며 관계를 맺어야 합니다. 흔들리는 것은 아이가 아니라 부모의 마음일 수 있기 때문입니다.

✷ 이렇게 해보세요

나와 잘 지내기 위해 연습하기

(별도의 노트를 준비하여 답을 적어보세요.)

1. 당신을 소개해주세요. 당신은 어떤 사람인가요?
2. 당신의 장점을 50가지 작성해보세요.
3. 어린 시절 가족에게 받은 상처가 있다면 무엇인가요? 그때를 생각하면 지금 어떤 감정이 드나요? 그 일이 당신의 현재에 어떤 영향을 미치고 있나요?
4. 어린 시절 갈등이 생기면 어떻게 표현했나요? 감정을 표현하면 가족은 어떻게 반응했나요?
5. 어린 시절 당신은 주로 어떤 감정을 느꼈나요? 그 감정의 경험들이 당신의 현재에 어떤 영향을 미치고 있나요?
6. 어린 시절 경험한 갈등상황을 떠올리며 얘기해봅시다. 당신은 주로 어떻게 반응했나요?
7. 당신은 당신을 어떻게 생각합니까?
8. 당신은 당신과 잘 지내기 위해 어떤 노력을 하고 있

나요?

9. 당신 아이와 같은 나이의 어린 시절로 돌아간다면 자신에게 어떤 말을 해주고 싶나요?

02

집착을 쉽게 놓을 수가 없어요

어린 시절의 기억을 안고 사는 '어른 아이'입니다

윤정 씨는 며칠 전 드레스룸을 정리하면서 문득 이런 생각이 들었습니다.

'난 도대체 왜! 옷장에 옷이 이렇게 가득한데도 끊임없이 옷을 사는 것일까? 패셔니스타를 꿈꾸는 것도 아니면서 말이야. 옷에 대한 나의 집착은 어디서 온 것일까?'

어렸을 때 윤정 씨 어머니는 공주 옷을 손에 꼭 쥐고 사고 싶다고 우는 그녀를 항상 말렸습니다.

"넌 부주의해서 그런 옷 오래 못 입어. 세탁기에 넣고 빨기도 힘드니 안 돼. 이 남색 티셔츠 입어."

어머니의 만류에 윤정 씨는 본인이 입고 싶은 옷보다는 세탁이 쉽고 오래 입을 수 있는 옷을 사서 입었습니다. 헤어스타일도 어머니 마음대로였습니다. 긴 머리를 찰랑대고 싶었지만 관리하기 어렵다는 이유로 짧은 머리나 머리를 한 번에 묶은 '포니 테일' 헤어만을 허락받았지요. 어머니가 머리를 뒤로 묶을 때는 또 얼마나 꽉 묶는지 눈 끝이 뒤통수에 닿을 정도로 길쭉하게 올라갔습니다. 그나마 눈을 꼭 감고 있어야 눈 모양이 동그래졌습니다.

중년이 된 지금 윤정 씨는 옷가게 앞에서 발걸음을 멈추고, 미용실에서 긴 머리를 자를 때 2센티미터를 자를지 3센티미터를 자를지 심각하게 고민합니다. 아마도 그녀의 마음에는 찰랑거리는 긴 머리로 공주 옷을 입고 싶던 어린 시절의 '내'가 있기 때문일 것입니다. 어머니로 인해 좌절된 욕구는 계속 내 안에 존재하면서 성인이 된 지금도 그 욕구를 충족하려고 하는 것입니다.

성용 씨는 중학생 딸이 엄마하고만 비밀을 공유하는 것이 너무 서운하고 무시 당하는 것 같아 우울하다고 합니다. 비밀을 공유할 정도로 가까운 모녀의 모습에 다행이라고 느낄 수도 있는데 말이지요. 오히려 자신만 그 관계에서 빠진 것 같아 불안하고 차별당하는 것 같습니다. 어린 시절, 형은 자신보다 공부를 잘했습니다. 부모는 자신보다 공부 잘하는 형에게 사랑을 듬뿍 쏟았습니다. 그 모습을 보며 자란 어린 성용 씨의 마음은 어땠을까요? 부모가 되어서도 딸과의 관계에서 느끼는 불안과 우울함은 어린 시절 울고 있던 성용 씨의 마음일지 모릅니다.

《상처받은 내면아이 치유》의 저자 존 브래드쇼(John Bradshaw)는 사람들 마음속에는 어린아이가 한 명씩 살고 있다고 말합니다. 이 존재를 '내면아이(inner child)'라고 부릅니다. 사랑과 돌봄 속에서 충분히 수용됐어야 할 어린 시절을 경험하지 못하고 상처받은 내면아이를 가슴에 품은 채로 '성인아이(adult child)'로 살다보면 일상에서 다양한 어려움을 겪게 됩니다. 유난히 어떤 상황에 지나치게 반응하거나 특정한 인간관계에서 고통과 상처를 받는다면 상처받은 어린 시절의 내가 아직 울고 있을 가능성이 있습니다.

내면아이에게 필요한 인정과 사랑

어린 시절 내가 상처받은 일이 있다면 나약했다며 부끄러워하거나 기억에서 지우려 하지 마세요. 그때는 작은 말에도 상처받을 수 있는 나이였습니다. 어린 시절 상처받은 나는 잘못이 없습니다. 오히려 그때의 어린 내가 얼마나 놀랐을까, 얼마나 상처 받았을까 그 감정을 알아주고 인정해주어야 합니다. 그리고 그렇게 상처받은 내면아이를 품고 이렇게 멋지게 어른으로 성장한 나를 인정해야 합니다. 상처받은 내면아이가 일상에서 나타날 때 부모처럼 내면아이에게 말을 걸어봅니다.

'차별받았다고 느끼는구나. 그런데 다행이야. 우리 딸이 엄마와 시간을 조금 더 많이 보내고 있을 뿐 아빠인 나를 덜 사랑하는 것은 아니야. 괜찮아.'

이렇게 나 자신에게 좋은 부모가 되어주다보면 어느새 건강하게 성장한 내면아이를 만나게 될 것입니다. 어린 시절 가슴 아픈 일을 마주하는 것은 고통스럽고 어려운 일이지만 온전한 내가 되기 위한 의미 있는 과정입니다. 조금 더 용기를 내어 상처를 마주하고 치유해서 자기 자신과 화해하고 자신을 잘 돌보는 존재로, 그런 부모로 아이 곁에 설 수 있다면 좋지 않을까요?

✷ 이렇게 해보세요

내면아이 치유를 위한 연습

1. 아이와의 관계에서 유난히 어려움을 겪는 일을 떠올려보세요.

2. 그때 마음속에 떠오르는 생각과 감정은 무엇인가요?
3. 위의 생각과 감정을 느꼈던 어린 시절의 상황이 있었는지 떠올려봅니다.
4. 그때의 감정을 솔직하게 인정하고 느낍니다. 슬프다면 억누르지 말고 충분히 슬퍼하고 표현합니다.
5. 내면의 이야기를 해도 괜찮은 사람에게 상처받은 내면아이 이야기를 해봅니다. 어렸을 때 무슨 일이 있었는지, 어떤 감정이었는지, 무엇을 원했는지 등을 터놓고 말하다보면 홀가분함을 느낄 수 있습니다.
6. 내면아이에게 편지를 써보세요. 부모가 된 내가 어린 시절의 나에게 부모의 마음으로 이야기를 해주듯 편지를 쓰고 소리 내서 읽어봅니다.
7. 일상에서 상처받은 내면아이가 나타날 때는 마음속으로 다독이며 말해줍니다. '그 말이 상처가 됐구나. 걱정 마. 내가 있잖아. 난 이제 어른이 돼서 누구보다 널 잘 지켜줄 수 있어.'

03

아이를 자꾸 남과 비교하게 돼요

나를 인정하고 존중하는 마음을 가지세요

초등학생 아이에게 요즘 고민은 무엇인지 물어봤습니다. '자존감'이 낮아서 친구들과 지내는 게 어렵다고 하더군요. 초등학생이 자존감이라는 단어를 알고 있는 것도 놀라웠지만, 자신의 문제가 자존감 때문이라고 생각하는 것이 더 놀라웠습니다.

자존감이란 자기 자신을 인정하고 존중하는 마음입니다. 자신은 사랑 받을 만한 가치가 있고, 자신이 무언가를 할 수 있고 성취할 수 있는 유능한 사람이라고 믿는 마음입니다. 자존감이 높은 사람은 자신에 대해 긍정적인 인상을 갖기 때문에 자신감이 있고 타인에게도 우호적입니다. 자신의 단점에 대해서도 노력하면 개선할 수 있다고 생각합니다. 자기 자신을 사랑하고 긍정적인 사람을 다른 사람이 좋아하지 않을 리가 없겠지요. 이런 사람은 타인들과도 좋은 인간 관계를 맺습니다.

자존감이 낮은 부모의 모습은 무엇일까

자존감이 낮은 부모는 자기 자신에게 호의적이지 않습니다. 자신의 단점을 직시하기보다는 왜곡하거나 확대해석합니다. 이 때문에 스스로를 혐오하거나 비하하는 말을 자주 합니다.

"엄마는 잘하는 게 하나도 없어. 그러니 너라도 잘해야지."

"요리 잘하는 게 뭐 그리 대수라고, 별거 아냐. 엄마처럼 살지 마."

처음에는 이렇게 말하는 부모가 안쓰럽겠지만 자주 듣다보면 아이는 자신의 부모에 대한 긍정적인 이미지를 갖기 어렵습니다. 부모 스스로가 자기 자신을 사랑하지 않는데 아이들이 스스로 사랑하는 법을 쉽게 배울 수 있을까요? 자존감이 낮은 부모는 자신과 타인을 비교하면서 끊임없이 열등감을 느낍니다.

"옆집은 더 넓은 집으로 이사 간다는데 내 인생은 이게 뭐냐."
"엄마 친구 아들은 알아서 공부한다는데 넌 뭐가 부족해서 그러니?"

자존감이 낮은 부모는 자기 자신뿐만 아니라 아이까지도 남과 비교하며 열등감을 부추깁니다. 지금 있는 삶에서의 감사나 긍정성을 찾아 행복감을 느끼기보다는 불안하고 불만족스럽게 여깁니다. 그런 부모의 모습을 보고 자라는 아이 역시 자신의 삶에 문제가 있다고 생각하겠지요. 불행감이 더 크게 느껴질 것입니다. 부모의 열등감은 아이가 부모의 열등감을 회복시켜주길 바라는 말로 전달됩니다. 또한 자존감이 낮은 부모는 타인을 의식합니다. 남이 날 어떻게 보는지, 타인이 말하는 나에 대한 생각과 평가를 중요하게 생각하지요.

"영수 엄마가 그러는데 내가 너무 자식한테 관심이 없대. 난 나쁜 부모인가봐."
"요즘엔 다 학원 보낸다는 데 나만 안 보내면 이상한 부모 아닐까?"

자존감이 낮으면 타인의 삶이 기준이 됩니다. 타인의 기준을 내면화해서 자신의 삶을 판단하지요. 자존감이 낮은 부모는 자신의 생각보다는 타인의 생각에 영향을 쉽게 받고 타인의 평가를 중요하게 여기기 때문에 양육관도 쉽게 바뀝니다. 아이는 당연히 혼란스럽겠지요. 남들 눈에 이상할까봐 타인의 시선을 의식하여 양육방식을 바꾼다면 아이는 타인의 눈에 맞춰 살아야 한다는 것을 무의식적으로 학습하게 됩니다.

✷ 이렇게 해보세요

자존감을 높이기 위한 방법

1. 나의 장점 50개 쓰기

부모 스스로 긍정적인 이미지를 가져야 합니다. 지금까지 살면서 분명히 많은 노력을 하고 성취하며 여기까지 왔을 것입니다. 우리는 그것을 너무 과소평가하고 잊고 살았습니다. 자신의 장점을 50가지 작성해보세요. 작성한 종이를 출력해서 잘 보이는 곳에 붙여두고 매일 아침마다 읽어봅니다. 지난 삶을 돌아보며 열심히 살아온 내 모습에서 긍정성을 찾아보세요.

2. 30일 감사일기 쓰기

삶에서 당연하다고 생각하는 것을 생각해보세요. 그것이 정말 나에게 당연한 것일까요? 숨 쉬는 것, 매일 찾아오는 하루, 사랑하는 아이들, 피곤하게 다니는 직장, 오래된 자동차…. 이 모든 것이 우리에게 당연한 것인가요? 우리 삶은 우리의 노력과 함께 누군가의 도움과

손길로 선물처럼 주어집니다. 당연한 것은 없습니다. 오늘부터 30일간 감사일기를 써보세요. 매일 저녁 잠들기 전 또는 하루를 시작하기 전 자신의 삶을 돌아보며 감사한 것들을 작성해보세요. 따뜻한 이불, 한여름의 얼음까지 감사한 것들로 채우다보면 삶의 긍정성이 회복되고 남과 비교하는 삶을 멈추는 데 도움이 될 것입니다.

3. 취미 가지기

업무나 양육에만 시간표를 맞추고 살다보면 자기 자신은 사라진 느낌이 듭니다. 인생이 허무해지고, 사춘기가 된 아이들은 예전처럼 부모 말을 잘 듣지 않지요. 아이들을 통제하다가 실망감만 커질 뿐입니다.
캘리그라피, 그림 그리기, 운동 등 자기 자신만을 위한 시간을 가져보세요. 아이나 배우자만을 위한 삶이 아니라 자신을 위한 삶을 살기를 다짐하고 실천하며 삶의 만족감을 높여보세요.

04

아이에게 내 생각을 강요하게 돼요

우리가 옳다고 믿는 '신념' 어디에서 온 걸까요?

혜정 씨는 어린 시절, 몸이 아파도 학교에 가야 한다고 말한 어머니가 미웠습니다. 아버지가 오늘 하루 학교 보내지 말라고 해도 소용 없었습니다. 그 덕에 혜정 씨는 초중고등학교까지 모두 개근상을 받았습니다. 어른이 되어서도 결근을 해본 적이 없습니다. 아파도 학교에 가야 한다는 어머니의 말이 마음속에 뿌리내렸기 때문이지요.

무엇인가를 옳다고 굳게 믿는 마음을 신념이라고 합니다. "아파도 학교에 가야 한다"고 생각한 강력한 믿음처럼 말입니다. 이런 신념은 어떻게 생기는 걸까요? 어떤 일을 경험하면 그 일에 대한 자신의 생각을 갖게 됩니다. 그 생각은 경험의 반복을 통해 확고해지지요. 그것이 신념입니다. 우리 내면에 확고히 자리 잡은 신념은 삶의 기준이 됩니다.

학교에 가야 할까 말까 하는 문제 앞에서 학교에 가야 한다는 신념을 갖고 있다면 아파도 학교에 가는 선택을 하게 됩니다. 문제는 다른 사람에게 자신의 신념을 강요하거나 적용할 때 인간관계에서 갈등을 빚을 수 있다는 것입니다. 신념은 모든 사람이 가지고 있지만, 자신만의 기준과 논리라는 특수성을 가지고 있습니다.

혜정 씨는 어린 시절에는 아파도 학교에 갔지만, 지금은 아프면 회사에 휴가를 내고 병원에 간다고 합니다. 아파도 학교에 가야 한다는 신념이 바뀐 것입니다. 이처럼 신념은 변하기도 합니다. 다양한 경험을 통해 생각과 삶의 태도가 변하니 신념 또한 함께 바뀌는 것입니다.

아이를 양육하다보면 자신의 신념을 아이에게 자주

말하게 됩니다.

"대학은 무조건 가야 한다."

"여자애는 핑크색 옷을 입어야 한다."

"모든 사람에게 사랑받고 인정받아야 한다."

아이가 어릴수록 부모의 신념을 무비판적으로 받아들입니다. 그후 아이가 중요한 선택의 기로에 설 때마다 무의식적으로 판단과 결정을 내리는 데 부모의 신념이 중요한 역할을 합니다. "모든 사람에게 사랑받고 인정받아야 한다"는 말을 자주 듣고 자란 아이는 사랑받지 못한다고 느낄 때마다 우울하거나 화가 나는 정서적 문제를 겪게 됩니다.

정말 모든 사람에게 사랑받고 인정받아야 할까요? 그것이 현실적으로 가능한 일일까요? 이런 신념은 아이의 삶에 도움이 되지 않고 우울, 불안 등의 감정만을 유발할 뿐입니다.

건강한 마음이 합리적 신념을 갖게 해요

비합리적인 신념에는 '늘' '항상' '모든' '반드시' '~해야 한다' '~해선 안 된다'와 같은 말이 들어가 있습니다. "늘 웃어야 한다" "반드시 행복해야 한다"와 같은 말은 그럴 듯해 보이지만 삶이 얼마나 예외적인지를 모르고 하는 말입니다. 아무리 마음 먹고 노력해도 원하는 결과를 얻지 못하거나 내 뜻대로 되지 않을 때가 많습니다. 늘 웃어야 한다고 생각하면 웃지 않는 시간은 잘못하고 있다고 느끼게 됩니다.

반면, 합리적인 신념은 현실성이 있습니다. 늘 웃을 수 있으면 좋겠다는 소망은 가지지만, 고통스러울 때는 웃지 않아도 괜찮다는 예외의 순간을 인정합니다. 비합리적인 신념은 비현실적인 생각을 가지게 합니다. 비합리적인 신념은 예외적인 상황에서 좌절과 고통만 더해지면서 불행감을 증폭시킵니다.

'모든 사람에게 사랑받아야 한다'는 생각은 실현불가능합니다. 어떻게 모든 사람에게 사랑받을 수 있을까요? 모든 사람에게 사랑받는 것이 삶의 목표가 되는 것은 삶을 희생하게 합니다. 우리는 사람들에게 사랑받기 위해 사는 것이 아니라 자기 삶을 살기 위해 존재합니다. 모든 사람에게 사랑받고 싶은 욕구를 인정하는 것과 함께 합리적인 신념으로 이렇게 바꿔 말해볼 수 있습니다.

"사람들에게 사랑받는 것은 행복한 일이다. 그러나 삶의 목표는 다른 사람들에게 사랑받기 위해서가 아니라 나답게 살기 위해서 사는 것이다. 모든 사람에게 사랑받을 수는 없다. 정말 중요한 것은 내가 사랑하는 사람들과 사랑하며 사는 것이다."

아이에게 비합리적인 신념의 말들을 한 것 같아 걱정인가요? 또는 이런 비합리적인 신념을 어떻게 바꿀 수 있는지 궁금한가요? 우선 내게 어떤 신념이 있고, 언제 그 신념이 나타나는지 알아차려보세요. 내게 그런 신념이 있다는 것을 알아차리고 이해하는 것이 첫 번째입니다.

✷ 이렇게 해보세요

나의 신념 알아차리는 연습

1. 아래 문장을 완성해봅시다(또는 아이에게 어떤 말을 자주 하고 있는지 물어보고 작성해보세요).

   남자는 ______ 해야 한다. ______해선 안 된다.

   여자는 ______ 해야 한다. ______해선 안 된다.

   부모는 ______ 해야 한다. ______해선 안 된다.

   아이는 ______ 해야 한다. ______해선 안 된다.

   돈은 ______ 해야 한다. ______해선 안 된다.

2. 위의 신념은 어디에서 온 것인지 생각해봅시다.

3. 위에 작성한 신념이 당신의 삶과 아이 양육에 어떤 영향을 미치고 있습니까?

4. 위에 작성한 신념 중 비합리적인 신념이 있다면 합리적 신념으로 바꿔봅시다.

05

감정을 드러내는 것은 잘못된 건가요?

감정에는 좋고 나쁜 것이 없습니다

애니메이션 영화 〈인사이드 아웃(Inside Out)〉에서는 사춘기 소녀인 주인공 라일리의 머릿속에 기쁨이와 슬픔이, 버럭이, 까칠이, 소심이라는 다섯 가지 감정들이 살고 있습니다. 〈인사이드 아웃〉은 라일리의 머릿속 '감정 컨트롤 본부'에서 일하는 이 다섯 가지 감정을 의인화하여 감정에 대한 이해를 높여주는 작품입니다. 영화 속에서 감정 캐릭터 '기쁨이'는 주인공 라일리가 기쁘고 행복하기만을 바라기 때문에 '슬픔이'가 나타나면 활동을 못하게 통제합니다. 라일리에게 슬픔이라는 감정은 느끼게 하고 싶지 않은 기쁨이의 마음이 마치 부모 마음 같습니다. 그런데 슬픔이나 고통이 없다면 행복과 기쁨도 느끼지 못합니다.

한때 우리 사회는 감정을 드러내는 것은 옳지 않다고 여기며 감정을 통제의 대상으로 삼았습니다. 감정을 드러내지 않는 것이 성숙한 사람이라고 생각했지요. 성인이 될수록 사회관계 속에서 괜찮은 척, 기쁜 척을 해야 하는 역할을 요구받기도 합니다. 게다가 부모가 되니 양육은 결코 쉬운 일이 아니라는 것을 깨닫게 됩니다. 내 맘 같지 않은 아이에게 내 감정을 조절하지 못해 모진 말로 감정을 쏟아내고 후회하는 것이 부지기수입니다.

많은 부모가 매번 후회하고 사과하고 다시 마음먹지만 쉽지 않은 것이 감정이라고 고백합니다. 하루에도 수백 번씩 다양한 감정을 느끼는데 부모가 자신의 감정을 이해하고 표현할 수 없다면 아이도 자신의 감정을 표현하는 법을 배우지 못하고 성장하면서 심리적 어려움을 겪게 됩니다. 어떤 것이 좋은 감정일까요? 아래 단어에서 선택해보세요.

슬픈	서운한	행복한	뭉클한
화가 난	침울한	설레는	흥미진진한

대부분 '행복한' '설레는' '흥미진진한'의 감정을 좋은 감정, '슬픈' '화가 난' '침울한' 같은 감정은 나쁜 감정이나 부정적인 감정이라고 생각합니다. 그러다보니 부정적 감정이 생기면 억압하거나 축소시킵니다. 빨리 없애버리려고 하지요. 하지만 '화가 난'이라는 감정이 사라지면 어떻게 될까요? 누군가가 아이를 때렸다면 분노가 일어납니다. 분노가 일어야 "우리 아이 왜 때리세요?"라고 묻거나 소리를 질러 그 행동을 멈추게 할 수 있습니다. 법적으로 책임을 묻고 아이를 때리는 어른이 없도록 사회운동을 벌이는 것 모두 분노하지 않으면 할 수 없는 일입니다.

우리는 분노를 나쁘다고 말하지만 분노는 나쁜 것만이 아닙니다. 우리가 분노를 부정적인 감정이라고 인식하고 있을 뿐입니다. 사랑하는 감정이 좋다고 여기지만 내가 싫어하는 사람을 친구가 사랑한다면 그 사랑의 감정은 옳지 않다고 여길 것입니다. 감정엔 옳고 그름이 없습니다. 모든 감정이 그냥 존재할 뿐입니다. 마치 신호등처럼 존재하며 우리에게 빨간 불은 '멈춤', 파란 불은 '건넘'이라는 신호를 말해줄 뿐입니다. 절대적으로 빨간불이 나쁘고 파란불이 좋은 것은 아닌 것처럼 말이지요. 감정도 내가 '옳은 감정이다' '부정적 감정이다'라고 인식할 뿐입니다. 그러니 아이에게 항상 '기쁜' '행복한' 감정만을 요구하지 마세요. 그런 감정만 좋다고 가르치지 마세요. 모든 감정은 다 소중합니다. 슬픔이 있어야 기쁨도 느낄 수 있습니다.

하지만 분노라는 감정에는 옳고 그름이 없지만, 분노를 표현하는 행동에는 옳고 그름을 구분해야 합니다. 친구가 미운 것은 그럴 수 있습니다. 미운 것은 나쁜 일이 아닙니다. 그러나 친구가 밉다고 친구의 가방을 찢는 것은 나쁜 행동입니다. 아이가 표현하는 감정을 우리는 수용해줘야 합니다. 그러나 그 감정을 표현하는 방법이 옳지 않다면 바람직하게 표현하도록 지도해주어야 합니다.

✷ 이렇게 해보세요

건강한 감정 표현하는 부모 되기 연습

1. 자신이 느끼는 감정에 이름표 달기

아래의 '감정 목록'을 참고하여 화가 나거나 불편한 감정이 생길 때마다 그 감정에 이름을 붙여보세요. 여러 개를 찾아서 이름을 이야기해봅니다. 모호하게 기분 나쁜 감정이 감정의 이름을 알게 되면 모호했던 감정이 명료해집니다.

2. 감정의 이름을 이야기하되 거리두며 말하기

"나는 형편 없어"가 아니라 "나는 형편없다고 느끼고 있구나"로, "나는 열등해"가 아니라 "나는 열등감을 느끼고 있구나"와 같이 감정과 나를 분리시켜서 감정을 알아차립니다. 감정은 통제의 대상이 아닙니다. 알아차려야 할 돌봄의 대상입니다.

3. 감정 알아차리기 연습하기

- 감정표를 이용해서 지금 감정을 알아차려보세요.

- 감정의 거리를 두고 감정을 말해봅니다.

- 아이와 관계에서 자주 느끼는 감정은 무엇인가요?

- 어떤 감정이 아이와 관계에서 갈등을 만드나요?

○ 감정 단어 목록

욕구가 충족되었을 때

- 감동받은, 뭉클한, 감격스런, 벅찬, 환희에 찬, 황홀한, 충만한
- 고마운, 감사한
- 즐거운, 유쾌한, 통쾌한, 흔쾌한, 기쁜, 행복한, 반가운
- 따뜻한, 감미로운, 포근한, 푸근한, 사랑하는, 정을 느끼는, 친근한, 훈훈한, 정겨운
- 뿌듯한, 산뜻한, 만족스런, 상쾌한, 흡족한, 개운한, 후련한, 든든한, 흐뭇한, 홀가분한
- 편안한, 느긋한, 담담한, 친밀한, 친근한, 긴장이 풀리는, 안심이 되는, 차분한, 가벼운

- 평화로운, 누그러지는, 고요한, 여유로운, 진정되는, 잠잠해진, 평온한
- 흥미로운, 매혹된, 재미있는, 끌리는
- 활기찬, 짜릿한, 신나는, 용기 나는, 기력이 넘치는, 기운이 나는, 당당한, 살아있는, 생기가 도는, 원기가 왕성한, 자신감 있는, 힘이 솟는
- 흥분된, 두근거리는, 기대에 부푼, 들뜬, 희망에 찬

욕구가 충족되지 않았을 때

- 걱정되는, 까마득한, 암담한, 염려되는, 근심하는, 신경 쓰이는, 뒤숭숭한
- 무서운, 섬뜩한, 오싹한, 주눅든, 겁나는, 두려운, 간담이 서늘해지는, 진땀 나는
- 불안한, 조바심 나는, 긴장한, 떨리는, 안절부절못한, 조마조마한, 초조한
- 불편한, 거북한, 겸연쩍은, 곤혹스러운, 떨떠름한, 언짢은, 괴로운, 난처한, 멋쩍은, 쑥스러운, 답답한, 갑갑한, 서먹한, 숨막히는, 어색한, 찝찝한
- 슬픈, 가슴이 찢어지는, 구슬픈, 그리운, 눈물겨운, 목이 메는, 서글픈, 서러운, 쓰라린, 애끓는, 울적한, 참담한, 처참한, 안타까운, 한스러운, 마음이 아픈, 비참한, 처연한

- 서운한, 김빠진, 애석한, 냉담한, 섭섭한, 야속한, 낙담한
- 외로운, 고독한, 공허한, 적적한, 허전한, 허탈한, 막막한, 쓸쓸한, 허한
- 우울한, 무력한, 무기력한, 침울한, 꿀꿀한
- 피곤한, 고단한, 노곤한, 따분한, 맥 빠진, 맥 풀린, 지긋지긋한, 귀찮은, 무감각한, 지겨운, 지루한, 지친, 절망스러운, 좌절한, 힘든, 무료한, 성가신, 심심한
- 혐오스런, 밥맛 떨어지는, 질린, 정떨어지는
- 혼란스러운, 멍한, 창피한, 놀란, 민망한, 당혹스런, 무안한, 부끄러운
- 화가 나는, 끓어오르는, 속상한, 약 오르는, 분한, 울화가 치미는, 핏대서는, 격노한, 분개한, 억울한, 치밀어 오르는

출처: 한국비폭력대화교육원(http://krncedu.com)

06

아이에게 원하는 것이 점점 많아져요

내 안의 욕구 알아차리기

여러분이 이 책을 읽는 이유는 무엇인가요? '아이와 소통을 잘하고 싶어서' '대화법을 배우고 싶어서' '시간 여유가 있어서' '책 사는 것을 좋아해서' 등 다양한 이유가 있을 것입니다. 행위는 같지만 서로 다른 이유로 책을 읽습니다. 이처럼 내면의 이유, '~하고 싶은 마음'을 욕구라고 합니다.

우리가 어떤 행동을 할 때 아무 이유 없이 하는 것

은 없습니다. 내면의 무엇인가를 충족하고 싶기 때문에 행동합니다. 친구를 만나는 것은 대화하고 싶어서, 출근이 고통스럽지만 회사를 나가는 이유는 경제활동을 통해 풍요로운 가족과의 행복한 삶을 위해서입니다. 행동뿐만 아니라 우리가 하는 말에도 욕구가 담겨 있습니다. 아이가 집에 늦게 도착했을 때 "너는 휴대폰 두고 뭐하니? 전화라도 해주지?"라고 야단치듯 말했지만 그 말을 한 이유는 아이를 비난하거나 야단치려고 한 것이 아니라 아이가 일찍 귀가해서 안전하길 바라는 욕구, 전화통화로 잘 있다는 것을 확인하고 싶었던 욕구가 담겨 있습니다.

우리 안의 욕구는 어떻게 알아차릴 수 있을까요? '감정'에 힌트가 있습니다. '행복' '즐거움' '충만함' 등의 긍정적 감정이 느껴진다면 욕구가 충족되고 있다는 것이고, '슬픔' '억울함' '화 남' 등 부정적 감정이 느껴진다면 욕구가 충족되지 않았다는 것입니다. 아이와의 대화가 즐겁다면 소통, 친밀한 관계라는 욕구가 충족되었기 때문이지요. 회사에서 일방적으로 회의가 잡히면 불편하고 화가 납니다. 그 이유는 내 시간에 대한 존중과 배려의 욕구가 충족되지 않았기 때문입니다.

이와 같이 감정을 통해서 나의 욕구가 충족되었는지 아닌지 알 수 있습니다. 그러니 여러분이 일상에서 즐겁고 행복할 때 여러분 내면의 욕구를 살펴보세요. '나의 어떤 욕구가 충족되어서 이렇게 즐겁고 행복한 걸까' 하고 말이지요. 누군가와 불편하고 힘들 때도 마찬가지입니다. '나의 어떤 욕구가 충족되지 못해 이렇게 불편한 걸까' 들여다보세요. 일상에서의 감정을 살펴보면 내가 삶에서 주로 어떤 욕구를 충족하려는지 알 수 있습니다. 그 욕구가 왜 그렇게 내 삶에 중요한지 이해한다면 나와 더 가까워질 수 있습니다.

사람마다 다른 욕구

욕구는 모든 사람에게 공통적으로 존재하지만 욕구를 충족시키고자 하는 방법은 개인마다 다릅니다. 예를 들어, 사랑하는 사람과 함께 시간을 보내고 싶은 동일한 욕구를 가진 연인이라 하더라도 욕구를 충족하려는 방법은 다를 수 있습니다. 누군가는 놀이공원에서 재미있게 놀면서 시간을 보내고 싶은 반면, 누군가는 조용한 곳에서 산책을 하고 싶을 수 있지요. 욕구가 같아도 충족되는 방법이 다르다는 것을 이해하고 서로의 욕구와 충족하려는 방법을 존중할 필요가 있습니다. 나만큼 상대의 욕구도 중요하고, 방법도 존중받아야 합니다.

자신의 욕구가 무엇인지 알아차리고 그것을 표현하는 법을 배워본 적이 없다면, 나의 욕구가 충족되지 못했을 때 일어나는 부정적인 감정이 상대방 때문이라고 오해하기 쉽습니다.

만약 중요한 약속이 있어서 카페에 들어갔는데 사람들의 소리가 너무 시끄러워 도저히 이야기를 할 수 없는 상황이라고 할 때, 그들에게 "이 카페에 혼자 있는 거 아니잖아요? 매너 좀 갖추세요"라고 큰소리 친다면 어떨까요?

원하는 것이 이루어지지 않으면 감정이 상합니다. 그 상한 감정으로 타인을 비난하거나 상황을 비관하게 됩니다. 좌절된 나의 욕구를 이런 방식으로 표현하면 소중한 인간관계가 훼손됩니다. 게다가 욕구를 이렇게 표현하면 상대가 내가 원하는 것을 들어줄 리 만무합니다.

나를 더 잘 이해하고 서로 다른 욕구를 가진 사람들과 더 잘 지내기 위해서는 화가 나거나 불편한 감정이 들 때 타인을 향한 화살 쏘기를 내려놓고 자신의 욕구를 들여다보는 시간을 가져야 합니다.

✷ 이렇게 해보세요

욕구 알아차리기 연습

1. 아이에게 많이 하는 말을 적어보세요.
2. 그 말 속에 숨은 나의 욕구를 아래 욕구단어 목록에서 찾아보세요.
3. 아이가 나에게 많이 하는 말들을 작성해보세요.
4. 그 말 속에 숨은 욕구를 아래 욕구단어 목록에서 찾아보세요.

○ 욕구단어(Need)

자율성	자신의 꿈, 목표, 가치를 선택할 수 있는 자유 자신의 꿈, 목표, 가치를 이루기 위한 방법을 선택할 자유
신체적/생존	공기, 음식, 물, 주거, 휴식, 수면, 안전, 성적 표현, 신체적 접촉(스킨십), 따뜻함, 부드러움, 편안함, 운동, 돌봄을 받음, 보호받음, 애착 형성, 자유로운 움직임
사회적/정서적/상호의존	주는 것, 봉사, 친밀한 관계, 유대, 소통, 연결, 배려, 존중, 상호성, 공감, 이해, 수용, 지지, 협력, 도움, 감사, 인정, 승인, 사랑, 애정, 관심, 호감, 우정, 가까움, 나눔, 소속감, 공동체, 안도, 위안, 신뢰, 확신, 예측가능성, 정서적 안전, 자기 보호, 일관성, 안정성
놀이/재미	즐거움, 재미, 유머, 흥
삶의 의미	기여, 능력, 도전, 명료함, 발견, 보람, 의미, 인생예찬(축하, 애도), 기념하기, 깨달음, 자극, 주관을 가짐(자신만의 견해나 사상), 중요하게 여겨짐, 참여, 회복, 효능감, 희망, 열정
진실성	정직, 진실, 성실정, 존재감, 일치, 개성, 자기존중, 비전, 꿈
아름다움/평화	아름다움, 평탄함, 홀가분함, 여유, 평등, 조화, 질서, 평화, 영적 교감, 영성
자기구현	성취, 배움, 생산, 성장, 창조성, 치유, 숙달, 전문성, 목표, 가르침, 자각, 자기표현, 자신감, 자기 신뢰

출처: 마셜 로젠버그, 《비폭력대화》

07

아이에겐 너그러운데 저에겐 냉정해요

자존감이 높으면 힘들 때 이겨낼 수 있어요

부모는 아이에게 자존감을 높여주기 위해 "너는 최고야. 네가 세상에서 가장 멋져. 누구보다 널 잘해낼 수 있어"와 같은 말을 많이 합니다. 이런 말을 들은 아이는 '자신이 최고'이고 '멋진 존재'라고 생각할 수 있습니다. 하지만 인생은 늘 최고의 모습, 멋진 모습만 보여줄 수는 없습니다. 마주하고 싶지 않은 실패나 좌절을 겪기도 합니다. 우리가 실패 앞에서 괴로운 이유는 실패 그 자체가 아니라 '실패와 좌절은 내 삶엔 없는 일'인데 그 일이 내 삶에 나타났기 때문입니다. 실패는 나의 것이 아니라고 생각했기 때문이지요. 어떻게 완벽하게 성취만 하는 사람이 있을 수 있겠어요. 좌절하고 실패하는 모습도 있는 것이 사람입니다.

부모도 마찬가지입니다. 만약 지인이 스스로에게 "난 정말 형편없는 부모야." "난 부모가 될 자격이 없어."라고 한다면 뭐라고 말해줘야 할까요? "완벽한 부모가 어디 있겠어. 지금으로도 충분해." 이런 말과 함께 따뜻하게 안아주며 위로와 격려, 공감을 아끼지 않을 것입니다. 이렇게 친구에게 하듯 실패와 고통으로 괴로워하는 자기 자신을 공감하고 나라는 존재가 고통에서 벗어나기를 바라는 마음을 '자기자비'라고 합니다.

자기자비는 사랑하는 아이 돌보듯 내가 고통받을 때도 부모처럼 스스로를 돌보는 것입니다. 현실을 직시해야 한다는 생각에 스스로를 질책하고 상처주는 것은 자신의 존재를 부정적으로 인식하게 합니다. 솟구치는 자책의 마음은 후회의 길만 걷게 할 뿐 그 실수에서 배울 수 있는 용기를 상실하게 합니다.

우리는 완벽하지 않습니다

반드시 완벽해야 칭찬받는 것도 아닙니다. 스스로에게 완벽함을 요구하고 그에 미치지 않을 때마다 자신에게 비난의 채찍질을 동력으로 일삼으며 여기까지 왔을 수도 있습니다. 하지만 자책과 완벽주의는 어느 순간 한계가 있다는 것을 깨닫게 됩니다. 스스로를 자기자비로 대하지 못한다면 아이에게도 완벽함만을 요구할 뿐, 위로가 필요한 순간마저 더 완벽함을 강요할 것입니다. 나에게 비난하고 다그치듯 아이에게도 가시 돋힌 말로 비난을 퍼부을 수 있습니다.

사랑을 받기 위해서는 정해진 기준과 조건이 필요할까요? 그렇지 않습니다. 열심히 노력해서 사랑 받을 가치를 보여줄 수는 있지만 세상은 곧 더 높은 자격을 들이대며 사랑받을 조건을 제시할 것입니다. 자기 자신이 세운 기준으로 평가하는 마음을 내려놓지 않는다면, 못 미친 조건 하나에 마음 쓰며 그것을 채우기 위해 모든 노력을 하게 됩니다. 이런 삶은 행복하지 않습니다. 불행하고 슬프기까지 합니다. 이런 삶은 노력한 것만큼 기대에 못 미칠 수도 있고, 좋은 관계가 갑자기 틀어질 수도 있으며 원하지 않는 일들이 일어날 수 있습니다.

실패와 고통 앞에서 여전히 자존감을 지키며 삶에 대한 애정을 놓치지 않는 방법은 자신에 대한 비난을 멈추고 연약한 자기 자신을 인정하고 그런 나를 부모의 눈으로 돌보고 위로하는 것입니다.

모든 부모는 아이가 자기 자신에게 너그럽고 스스로를 돌보는 마음을 가지길 바랍니다. 그렇다면 부모 스스로 자기 자신에게 친절해야 합니다. 자신이 실패하고 실수할 수 있다는 것을 인정해야 합니다. 실패와 좌절 앞에서 이런 일은 살아 있는 동안 누구도 겪을 수 있는 일이라고 자각해야 합니다. 내 삶에도 일어날 수 있는 일이 일어난 것이라고 그렇게 자연스럽게 내 삶의 일부로 받아들여야 합니다.

✷ 이렇게 해보세요

자기자비 연습하기

1. 편안하게 앉고 눈을 감으세요.
2. 숨을 천천히 들이마시고 내쉽니다.
3. 사랑스러운 나의 아이를 바라보는 나의 눈빛을 떠올려보세요.
4. 그 눈빛과 얼굴, 미소로 지금 여기 앉아 있는 나를 바라보고 있다고 상상합니다.
5. 그리고 아이에게 말하듯 나에게 부모가 되어 인정과 위로의 말을 건네봅니다.

08

아이가 엄마를 무시하는 것 같아요

엄마는 '걱정인형'이 아닙니다

칠순이 넘은 지영 씨의 친정어머니는 지금도 걱정이 태산입니다.

"얼굴이 더 까칠해져서 걱정이다."

"아직 집이 없어서 걱정이다."

"너도 나이를 먹으니 걱정이다."

걱정을 한다고 걱정이 없어지는 것은 아닙니다. 어머니 입장에서는 당신이 해줄 수 있는 게 없다고 생각하니 걱정이라도 해야 마음이 나아지는 것이 아닐까 합니다. 우리는 내가 할 수 있는 것이 없다고 생각할 때 걱정을 해서라도 불안을 없애려 합니다.

지영 씨도 한때는 그런 어머니를 닮아 걱정인형으로 살았습니다. 이렇게 살면 안 될 것 같은 불안감이 생기면 걱정을 없애려고 이런저런 일들을 마구 벌였습니다. 스케줄을 더 채워 바쁘게 살고, 한 번에 여러 가지 일을 하면서 주어진 일들을 해치웠습니다. 가족과 함께하는 식탁에서 아이의 눈빛을 보다가도 휴대폰에 울리는 알림에 눈길을 보냅니다. 그 순간 아이와 나눌 수 있는 대화는 멈추게 되버리지요.

지영 씨는 울적해 하는 친구의 이야기를 듣다가 머릿속에 떠오른 잡념에 '내가 요즘 왜 이렇게 집중을 못하나' 싶어 미안해지는 일도 잦았습니다. 삶이 바빠서 그런 줄 알았지만, 지영 씨는 불안한 마음 때문에 마주하고 있는 사람의 눈을 보지 못했던 것이었습니다.

《마음챙김》의 저자 엘렌 랭어(Ellen J. Langer)는 “마음챙김은, 물살에 휩쓸리지 않고 물을 건너는 힘이다. 마음챙김은 내 시간을 온전히 나로 살아가는 기술이다”라고 말합니다. 내 시간을 온전히 나로 살아간다는 것은 현재 경험에서 마음을 다른 곳에 뺏기는 것이 아니라 ‘지금 여기’에 집중하여 이 순간의 경험을 알아차리는 것입니다. 지금 여기 앉아 있는 아이의 눈빛에 모든 마음을 두는 것입니다. 당신의 마음을 지금 여기에 두는 것입니다. 우리가 살 수 있는 시간은 과거도 아니고 미래는 더더욱 아닙니다. 오직 현재일 뿐입니다. 바로 지금 행복해야 미래도 행복합니다.

애니메이션 영화 〈쿵푸 팬더〉에서 사부 시푸가 헐레벌떡 달려오며 말합니다.

“대사부님, 나쁜 소식입니다!”

대사부 우그웨이가 대답합니다.

“시푸, 소식이 있을 뿐 나쁜 소식은 없다네.”

생각해보면 대사부 우그웨이의 말이 맞습니다. 승진자 명단에 내 이름이 없는 것은 나에게는 나쁜 소식이지만 누군가에겐 좋은 소식일 수 있습니다. 내가 그것을 어떻게 바라보느냐에 따라 좋은 소식과 나쁜 소식이 있는 것입니다.

부모로 살다보면 마음이 혼란스러울 때가 많습니다. 직장맘인 이현 씨는 아이와 같은 반 친구 엄마들의 모임에서 "지우 엄마는 직장을 다니시니 아이와 대화할 시간이 없으시겠어요?" 하며 자신을 무시했다고 흥분했습니다. 하지만 상대는 "그래서 제가 돕고 싶어요"라고 말하고 싶었던 것일 수도 있습니다. 상대의 마음이 무엇이었는지 우리는 알 수 없지만, 자신에게 도움이 되지 않는 해석을 하면서 스스로를 고통에 빠트립니다. 이미 일어난 사건 자체보다 사건에 대한 왜곡된 해석과 판단에서 더 큰 고통이 옵니다. 마음챙김은 우리의 일상에 일어나는 일들을 왜곡하지 않고 알아차리도록 도와줍니다.

서연 씨는 "엄마는 할 줄 아는 게 하나도 없네?"라고 쏘아붙이듯 말한 아이에게 "그런 너는 뭘 제대로 할 줄 아는데? 수학을 제대로 해? 영어를 제대로 해?"라고 말한 일을 후회하며 자신을 탓했습니다. 특히 청소년기 아이와의 대화도 어렵지만 힘들게 대화의 물꼬를 튼 상태에서 얼어붙는 말들을 한 자신을 자책하는 일이 많아집니다.

유창하게 말하는 것은 많은 연습이 필요하지만 적어도 안 좋은 영향을 주는 말을 안 할 수만 있어도 후회는 줄어들고 관계가 악화되는 것은 막을 수 있습니다.

'지금 내가 공격당한다고 느끼네. 아이가 많이 힘들어서 하는 말이지 날 공격하려고 하는 말은 아닐 거야. 뭐라고 말해주지?'

우리에게 일어난 일을 판단 없이 바라보면 지금 내 마음속에 일어난 것에 집중하게 되고 자동적으로 반응하던 공격의 말을 멈출 수 있습니다. 잠시 멈출 수 있는 힘이 있으면 내가 정말 하고 싶은 말이 무엇인지 알아차리고 선택할 수 있습니다.

내 마음이 '지금 여기'에 있어야 앞으로 아이와의 삶의 여정을 어떻게 갈지 알 수 있습니다. 마음의 현위치 기능, 마음챙김을 켜야 합니다.

✷ 이렇게 해보세요

마음챙김 훈련하기

1. 하루 중 시간 정해놓고 1~2분 호흡 명상하기

조용한 곳을 찾아서 의자에 앉거나 바닥에 허리를 세우고 앉습니다. 눈을 감고 숨을 들이마시고 내쉴 때마다 코의 감각에 집중합니다. 명상 중 다양한 생각이 떠오를 수 있습니다. 그 생각을 따라가서 코의 감각을 놓치지 말고 '아 내가 또 생각을 했구나' 하고 생각이 났음을 알아차리고 다시 호흡에 집중합니다.

2. 일주일에 한 번 걷는 명상하기

가만히 앉아 명상하는 것이 지루하거나 어렵다면 산책을 통해 다양한 감각을 느껴보세요. 걸으면서 발바닥의 느낌에만 집중해보거나 시각, 청각 등의 감각에만 주의를 두고 걸어봅니다. 산책 중에 오늘 해야 할 일, 창의적인 아이디어 등이 떠오를 수 있지만 그 생각은 그냥 알아차리고 발바닥의 느낌이나 새소리, 푸르른 풀에만 집중하며 걸어봅니다. 내가 집중하기로 한 것에만 집중해봅니다.

3. 마음챙김 식사하기

혼자 식사할 때 유튜브를 보거나 책을 읽으며 식사를 하는 분들 많으시지요? 음식을 먹기 전 코로 음식 냄새를 맡아봅니다. 씹으면서 음식물의 다양한 식감을 느껴봅니다. 오롯이 식사에만 집중해봅니다.

09

부정적인 생각이 항상 먼저 떠올라요

같은 그림 다른 생각

물컵에 물이 정확히 절반 차 있습니다. 만약 여러분이 그 물컵을 보고 있다면 어떤 생각이 드나요?

1. 물이 반이나 차 있네.
2. 물이 반 밖에 없네.

물이 반이 있는 상황에서 어떤 사람은 반이나 있다

는 긍정적 의미로, 누군가는 반 밖에 없다는 부정적 의미로 해석합니다. 같은 상황이 다르게 해석되는 이유는 사람마다 인식하는 측면이 다르기 때문입니다.

심리학자들은 우리가 행복해지기 어려운 이유를 부정적 편향(negativity bias) 때문이라고 말합니다. 부정적 편향이란 긍정적인 것보다 부정적인 것에 더 집중하는 인간의 성향을 뜻합니다. 왜 인간은 부정적으로 해석하게 되었을까요? 그것은 우리의 생존과 관련이 있습니다. 수백만 년 전 인간은 위험을 알아차려야만 생존할 수 있었습니다. 그러다보니 인간은 위험을 감지하는 것에 익숙해진 것입니다. 길가에 예쁜 버섯이 있을 때 "와 예쁘다!" 하면서 덥석 만지거나 먹었다면 생명을 지키기 어려웠을 것입니다. 오히려 '먹으면 죽을지도 몰라' 하고 생각하며 낯선 상황을 경계하고 조심해야 살아날 수 있었겠지요.

이렇게 우리 조상은 생존하기 위해 부정적으로 해석하는 것이 도움이 되었을 테지만, 현대를 사는 우리에게는 걸림돌이 됩니다. 살면서 겪는 많은 긍정적 일들을 제대로 느끼지 못하기 때문입니다. 일상에서 겪는 작지만 의미 있는 긍정적인 상황은 가슴에 담지도 못하고, 기억에 저장하지도 못합니다. 마치 솜사탕처럼, 바쁜 하루 속으로 그냥 녹아 사라져버립니다. 반면에 부정적인 경험과 감정은 오래오래 기억되니 몇 년 전 일인데도 매번 '이불킥'을 합니다. 부정적인 경험은 웬만한 긍정 기억으로 도 지우기가 쉽지 않은 강력한 접착효과가 있습니다.

부정정서는 우리의 생존을 돕지만 긍정정서는 우리의 행복과 연관이 있습니다. 희망, 기대, 낙관 같은 감정은 미래를 향해 한 걸음 나아가는 행동을 하게 하고, 자부심, 감사, 흥미 등의 감정은 안정과 만족감을 줍니다. 하루를 돌아보면서 기억창고에 '긍정기억구슬'들을 하나하나 모아두는 것은 심리적 자산이 됩니다. 긍정의 심리적 자산은 좌절의 위기에 놓이거나 분노가 치밀어 몸에 부정적 정서가 가득할 때 긍정적 정서로 상쇄할 수 있기는 힘이 있기 때문입니다.

그렇다면 부정정서가 없는 것이 행복한 삶일까요? 긍정심리학자들은 아니라고 말합니다. 미국의 심리학자 에드 디너(Ed Diener)에 따르면 행복척도에서 10점 만점에 표시한 사람들보다 8점 정도라고 표시한 사람들이 정신건강도도 높고 사회적 성취도 또한 높았다고 합니다. 미국의 수학자 마셜 로사다(Marcial F. Losada)는 사회적 적응을 성공적으로 한 집단은 긍정정서와 부정정서의 비율이 3대 1이었다고 말합니다. 부정정서는 완전히 없애기도 어려울 뿐만 아니라 적절한 부정정서는 위험을 감지해서 대비시켜주고 긍정정서를 자각하게 만듭니다.

✷ 이렇게 해보세요

하나. 긍정적인 경험을 이야기해보세요

긍정정서를 자주 느끼는 것은 중요합니다. 폭발적인 긍정적인 일 하나보다 잔잔하지만 자주 긍정적인 감정을 느낄 때 더 행복감이 큽니다. 자주 행복감을 느끼기 위해서 3가지 방법을 제안합니다.

첫 번째, 긍정적 경험과 정서를 다른 사람에게 이야기 하세요. 이야기 할 때 그 기쁨은 더 커집니다. 두 번째, 긍정적인 일들을 기록해두세요. 감사한 것 세 가지를 작성하는 감사일기나 매일 감사한 일을 사진으로 찍어두는 감사포토일기도 좋습니다. 기록하면 할수록 긍정적인 일들을 포착하는 긍정정서 센서가 발달됩니다. 세 번째, 훗날 좌절했을 때 꺼내서 볼 수 있도록 오늘 있었던 일들을 나에게 편지로 남겨두는 것입니다.

행복의 이유는 상황이나 사건에 있지 않습니다. 긍정의 액셀러레이터를 밟아야 행복 곁으로 가게 됩니다. 가끔은 걱정의 브레이크를 밟아야 위험에서 멀어지긴 하지만, 행복으로 해석하게 만드는 긍정정서를 여러분의 인생버스에 주유해야 합니다.

둘. 긍정정서 연습하기

1. 오늘 일 중에서 감사한 일 3가지를 작성해보세요.
2. 가족과 친구 중 한 사람을 떠올리며 감사편지를 써보세요.
3. 지금까지 고단한 삶을 살아온 나에게 감사편지를 써보세요.

너에게 무슨 말을 먼저 꺼낼까

1판 1쇄 펴냄 2024년 4월 5일
1판 2쇄 펴냄 2024년 10월 30일

지은이 조에스더 최소영 최한영
펴낸이 이정희 신주현
디자인 조성미
일러스트 아피스토
제작 (주)아트인

펴낸곳 미디어샘
출판등록 2009년 11월 11일 제311-2009-33호

주소 03345 서울시 은평구 통일로 856 메트로타워 1117호
전화 02) 355-3922
팩스 02) 6499-3922
전자우편 mdsam@mdsam.net

ISBN 978-89-6857-239-5 03590

www.mdsam.net